打造快速獲利的
電商生意腦

6大面向 × 23種經營思維
讓35,000家公司接軌成長引擎的實戰攻略

CYBERBIZ 電商研究所——著

目錄

好評推薦   9

自序　突破策略與經營思維，電商人的最佳指引／蘇基明   11

前言　想要獲利，首先換上生意腦！   13

第 1 章　破解電商經營的常見 6 大難題

01　開網店，要準備多少錢？   16
網店成本結構大拆解
初期就掌握成本結構，生意才能做穩做大

02　時間有限，怎麼安排優先順序？   26
從開店 Day1 起，各階段的重點任務

03　買了系統後，訂單為什麼不如預期？   36
優化面向①　站內體驗
優化面向②　購物車結帳流程
優化面向③　站外廣告行銷
優化面向④　庫存與訂單管理

04　除了打折扣戰，還能怎麼吸引目光？   48
抓出產品亮點，打造品牌故事
培養廣告投放的能力
槓桿網紅資源
自己成為意見領袖
低價不是萬能的

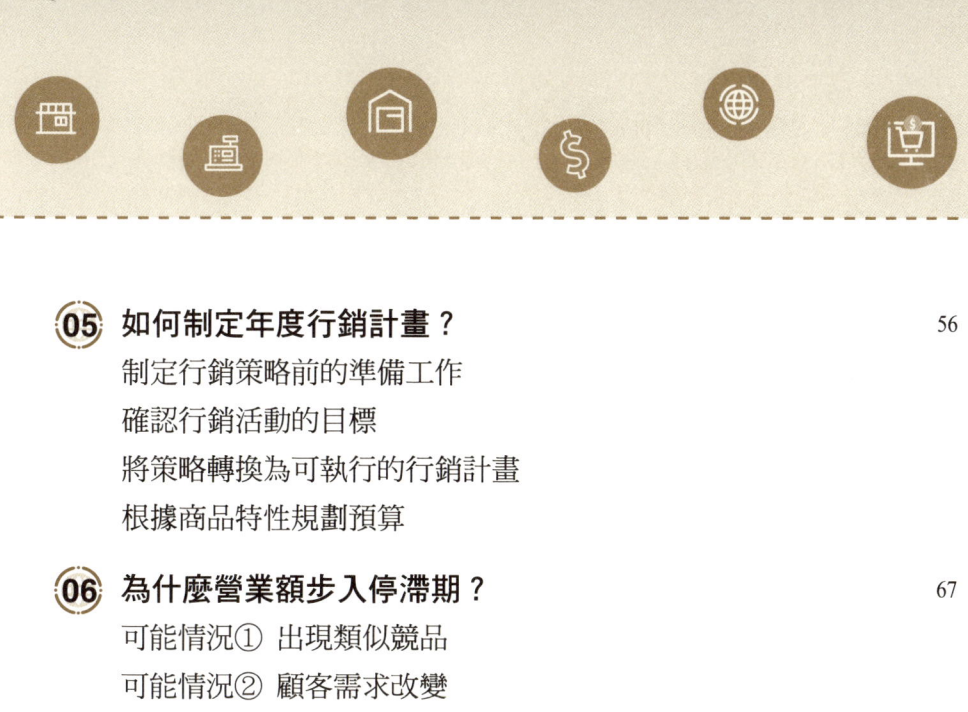

05 如何制定年度行銷計畫？ 56
制定行銷策略前的準備工作
確認行銷活動的目標
將策略轉換為可執行的行銷計畫
根據商品特性規劃預算

06 為什麼營業額步入停滯期？ 67
可能情況① 出現類似競品
可能情況② 顧客需求改變
可能情況③ 流量紅利改變
可能情況④ 商品品質尚待優化
可能情況⑤ 未來訂單提早滿足
可能情況⑥ 行銷活動太單一

第 2 章 用「做生意」的思維，打造會賺錢的網店

07 營運成本的高效管控法 74
入門招式：算出能賺錢的「合理」產品定價
進階招式：小心隱藏成本
控管成本必須檢視的四大面向

08 優化訂價策略，獲得最大利潤 81
市場決定價格
尋找價格甜蜜點

目 錄

　　根據品牌定位選擇策略
　　定價最終要回歸產品本質

09　鎖定會買單的消費者　　　　　　　　　　　　　　88
　　市場區隔：認識並辨識你的客群
　　目標市場選擇：結合多種面向進行評估
　　市場定位：品牌帶給人的形象是什麼？

10　塑造鮮明個人品牌特色　　　　　　　　　　　　　97
　　為什麼要建立品牌？
　　打造品牌優質基因的三大面向

第 3 章　讓流量高效變現的「行銷力」

11　導入流量的五大行銷工具　　　　　　　　　　　　106
　　廣告投放：曝光效率最高
　　影響力行銷：自帶信任的流量
　　搜尋引擎優化：成本低，效果持久
　　社群經營：創造鐵粉，建立關係
　　內容行銷：塑造專家形象

12　廣告要自己操作，還是請代操？　　　　　　　　　116
　　廣告自主操作的優缺點
　　廣告代操的優缺點

　　小品牌該找代操公司嗎？
　　挑選代操夥伴的五個評估標準

⑬ **網站數據分析利器：Google 分析**　　124
　　從 GA 到 GA4 的三大差異
　　運用 GA4 數據提升網店業績
　　GA4 的安裝和使用步驟
　　GA4 基本報表功能

⑭ **如何避免盲投廣告？**　　142
　　蒐集並優化第一方數據
　　建立傳遞訊息的多元管道

第 4 章　打造口耳相傳的「社群力」

⑮ **營造社群私域流量池**　　148
　　公域流量紅利的時代已過去
　　經營私域流量的三大優點
　　經營私域流量的四步驟

⑯ **用短影音引流，直播變現**　　156
　　短影音：最快吸引眼球的鉤子
　　短影音成功小訣竅
　　直播：讓觀眾身歷其境

目 錄

　　　　直播成功小訣竅

17 預約未來業績的訂閱制 163
　　　　訂閱制三大優點
　　　　訂閱制設計三步驟

第 5 章　會員不斷上門的「回購力」

18 如何養大會員池？ 170
　　　　吸引新會員：降低註冊門檻，增加誘因
　　　　留住舊會員：保持有價值的互動
　　　　經營會員時必須避開的盲點

19 如何養成品牌忠誠會員？ 177
　　　　把普通顧客變成鐵粉
　　　　針對不同等級會員創造誘因
　　　　找出超級鐵粉潛力股

20 讓會員感到重視的個人化行銷 182
　　　　為什麼要做個人化行銷？
　　　　顧客關係管理系統常見指標
　　　　RFM 模型：用消費頻率和金額來分群
　　　　會員四象限：用消費金額來分類

㉑ 整合 OMO，提供顧客最佳消費體驗　　　　　　　193
　　OMO 就是架官網、開實體門市？
　　做了 OMO 會搶走實體門市生意？
　　經營 OMO 三大原則
　　一定要做 OMO 嗎？

第 6 章　商機越做越多的「市場力」

㉒ 產業瞬息萬變，如何看懂趨勢？　　　　　　　204
　　追蹤產業龍頭動態
　　了解市場動態
　　關注新聞時事
　　運用「波特五力」分析框架
　　利用預售和群眾募資驗證趨勢

㉓ 從台灣賣到海外，布局跨境電商藍圖　　　　　　211
　　市場規模重新定義成功
　　台灣有哪些跨境利基商品？
　　跨境電商的四大挑戰
　　做跨境電商的事前準備

結語　時刻保持靈活，讓每次挑戰化為轉機　　　　221

好評推薦

「在電商領域,快速變化的趨勢與不變的經商邏輯,都是需要全面掌握的。《打造快速獲利的電商生意腦》用清晰的章節框架,把近年來社群熱烈議題整理成冊。推薦給新手入門建立觀念、老手也能自我複習找盲點哦!」

——周振驊,燒賣研究所笑長

自序
突破策略與經營思維，電商人的最佳指引

──蘇基明，CYBERBIZ 創辦人暨執行長

　　數位時代的迅速崛起，徹底改變了全球商業生態，電子商務已經不再只是品牌經營中的選項，而是必須正面迎戰的核心戰場。不論是國際大牌，還是剛起步的創業者，都感受到電商所帶來的機遇與挑戰。進入後疫情時代，實體經濟逐漸復甦，但消費者的行為模式已經完全改變，線上與線下的融合成為趨勢。如今，能否成功整合實體與數位通路、打造無縫且一致的消費體驗，已成為品牌脫穎而出的關鍵所在。

　　身為數位轉型的推手，CYBERBIZ 自創立以來，一直以「企業數位轉型軍火商」自居，致力於為各行各業的品牌提供全面的電商解決方案。我們的使命很簡單：「讓全球有好產品的人做生意更簡單。」這不僅僅是技術的支持，更是策略與經營思維上的全方位突破。我們深知，**電商的成功絕對不只是在技術層面下功夫，而是需要正確的生意頭腦，能夠靈活應對瞬息萬變的市場環境。**

　　多年來，CYBERBIZ 累積了豐富的實務經驗，協助超過

打造快速獲利的
電商生意腦

35,000 家來自不同行業的品牌完成數位轉型，並成功打通線上與線下的經營通路。我們深刻理解每個品牌在不同階段所面臨的挑戰，從如何選品到掌握會員經營，從廣告投放策略到未來市場的趨勢判斷，每一個環節都直接關係著電商經營的成敗。

因此，繼 2023 年出版的《電商經營 100 問》，以淺顯易懂的方式解答了電商經營中最常見的問題後，我們進一步深入探討，將多年來服務電商客戶的經驗與智慧，凝聚成這本《打造快速獲利的電商生意腦》。我們希望這本書能為每一位電商經營者提供清晰、具體且實用的策略指引。透過書中的內容，**將能夠深入理解電商運營的核心，並從中汲取經驗，打造屬於自己的獲利模式與長遠經營策略**。我們相信，這本書不僅能幫助電商客戶在競爭激烈的電商世界中找到立足之地，還能協助建構持續穩定的獲利系統，實現長久的品牌成長。

最後，我要感謝每一位選擇 CYBERBIZ 的讀者與客戶。正因為你們的信賴與支持，讓我們能夠不斷前行，並持續提供更全面、更具深度的服務。我期待這本書能成為各位電商經營路上的最佳指引，就像是為你的電商事業裝上成長引擎，帶動公司營收持續成長！

前言
想要獲利，首先換上生意腦！

　　隨著全球數位轉型的推進，電子商務已經成為了現代商業模式的核心。在這個一切皆數位的時代，電商不僅是一個銷售管道，更代表品牌與消費者溝通的全新方式。從社群媒體到電子支付、從線上平台到私域流量池，經營一個成功的電商品牌不再僅僅是將商品上架那麼簡單。電商經營者必須具備全面的視野、靈活應對變化的能力，才能在這個競爭激烈的市場中脫穎而出。

　　近年來，電商市場隨著 COVID-19 疫情的發展發生了劇變，許多原本依賴實體商店的商家被迫轉型線上，而不少新創品牌也如雨後春筍般冒出。然而，電商的經營之路並非一路平坦，儘管網購市場快速成長，卻也隨著疫情後市場回歸常態，而出現了成長瓶頸。**廣告成本的上升、流量紅利的消退和愈發激烈的競爭，讓許多商家發現自己的營收停滯不前，甚至面臨虧損。**

　　面對這些挑戰，如何從根本上改變經營策略，打造穩固的「生意腦」，成為每一位電商經營者必須要學會的課題。本書《打造快速獲利的電商生意腦》正是針對這些問題，為那些正在

打造快速獲利的
電商生意腦

尋求突破的電商經營者提供了實用的解決方案。深入剖析電商經營的各個環節，從選品、行銷到會員經營，從成本控制到數據應用，我們將一步步帶領你走向更高效、更具競爭力的經營模式。

品牌的成功不僅取決於產品的品質，更在於如何有效地吸引並留住客戶。在私域流量逐漸成為主流的今日，如何運用Facebook、LINE等社群平台來打造自己的專屬客群？如何讓廣告投放更具成效？如何透過直播、短影音等新興媒體來提升銷售？這些都是電商經營者必須面對的關鍵課題。

本書除了深入探討實務操作，更重視培養讀者的策略思維。我們深信，**只有在策略層面具備更高的視野，才能真正應對市場變化。**電商經營不僅僅是關於技術的應用，更是一門如何經營「生意」的學問。透過本書的內容，我們希望幫助你在每一個經營決策上都能做出最適合自己的選擇，進一步實現品牌的長期穩定成長。

無論你是剛踏入電商領域，還是已經有一定經營經驗的老手，本書都能幫你找到適合自己的成長策略，突破現有的瓶頸。期待本書能成為你電商經營路上的良師益友，協助你在這片有無限前景的市場中長遠發展。CYBERBIZ 將一如既往地與你同行，攜手共創電商經營的新篇章！

第 1 章

破解電商經營的常見 6 大難題

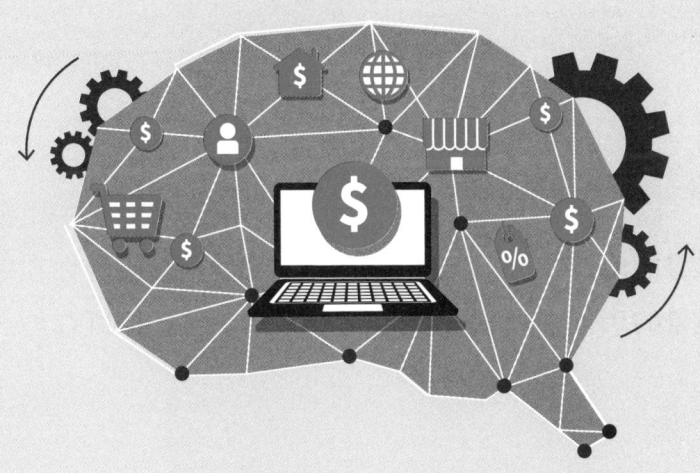

打造快速獲利的
電商生意腦

01 開網店，要準備多少錢？

Key to profit 預算規劃、成本控制是開店的第一步，卻決定了未來你的生意格局。

「要準備多少錢？」是決定開店後，會遇到的第一個問題。想要開實體店面，至少要準備七位數的資金，想像你每天省吃儉用，好不容易存到第一桶金，結果光付完店面租金跟裝潢費，資金就快見底了，更不用說接下來還有多少預算可以用來打廣告和請員工⋯⋯資金的一大門檻，讓許多有開店夢的人光是在想像階段就打退堂鼓。

開網路商店，不像開實體店一樣需要考慮租金成本，是一個壓力更小、更有彈性的創業方式，但在初期需要準備多少錢呢？開始營運後，又應該如何將各項成本控制在合理預算？我們必須先掌握好這些數字，接著才能問下一個問題：「多快可以回本？」

網店成本結構大拆解

想回答前述問題，第一步是對於開一家網店的成本結構有基本的概念。

從前期建置到後期營運，大致上可以將開一間網店的成本結構拆解成七大項：**商品**、**系統建置**、**金流**、**物流倉儲**、**美術設計**、**人事管銷**、**廣告行銷**（見圖表 1-1）。

圖表 1-1　開網店七大成本

商品	約占營收的 30%～50%	
系統建置	① 自建網店	團隊配置至少 3 人，一年薪水至少 240 萬
	② 找廠商客製官網	網頁建置費約數十萬到數百萬不等，還得加上後續每年的系統維護費
	③ 電商開店平台	若選擇最完整的方案，約 8 萬元年費，再加上系統維護費（約 5% 的成交手續費）
金流	約占營收的 1%～5%	
物流倉儲	約占營收的 5%～10%	
美術設計	約占營收的 5%～10%	
人事管銷	約占營收的 15%～20%（包含聘雇會計、行銷企劃人員、各項雜費等固定支出）	
廣告行銷	約占營收的 10%～30%	

打造快速獲利的
電商生意腦

商品：決定獲利的重要因素

想要開網店，首先一定要有商品，無論是自己製造還是跟別人進貨，都一定會有商品成本。**商品成本的高低，會直接影響後續毛利的高低，也就是營業收入扣除營業成本後，還有多少獲利空間。**

一般來說，**商品成本約占營收的 30％～ 50％**，依照商品特殊性、產業屬性的不同，而有所差別。

當你的貨源跟其他人相同，商品特殊性低，那毛利率可能相對低，大多數與製造商進貨、帶貨的服飾業者屬於此類。反之，若商品特殊性高，那毛利率自然能提高，只是特殊性高的商品代表面對的是小眾的利基市場，因此後續也要花更多行銷廣告費用去推廣。

例如：同樣都是月營業額 100 萬元、賣類似品項的兩間服飾店家，第一間的毛利率為 30％，第二間的毛利率為 50％，你覺得哪一間店家最後更有機會勝出呢？

在其他條件相同的情況下，第二間店家更有機會勝出。因為第二間店家的毛利率較高，意味著在扣除商品成本後，擁有更大的利潤空間來支付其他費用，如租金、薪資、行銷推廣及其他營運成本。

具體來說，若第一間店家的毛利為 30 萬（100 萬的營業額乘以 30％），而第二間店家的毛利為 50 萬（100 萬的營業額乘以 50％），代表第二間店家可以在其他開支相同的情況下，擁有更多的盈餘，或者在面對相同的市場競爭時，擁有更多資源來做行銷推廣，吸引更多客戶。

然而，必須注意的是，**毛利率高低並非決定成功的唯一因素**，產品的市場需求、訂價策略、顧客服務和品牌價值等，都會影響長遠的經營成效。儘管第二間店家擁有更高的毛利率，但若商品不符合市場需求，或者推廣客群不夠精準，最終仍可能影響其競爭力。因此，在毛利率的基礎上，經營者還須考慮如何提升商品的市場吸引力，以及如何有效地將商品推向目標消費者。

系統建置：從成本來考慮哪種開店方式適合你

網店的系統建置成本，在過去大家會說約占營收的 10％～15％，但這套標準到了現在這個時代已經不太適用，因為系統建置的花費會視你選擇的方式（例如：自建網店、找客製化網頁廠商、使用開店平台），而產生極大落差。

第一種方式是自建網店，表示要在公司內部養一批 IT 團隊，以打造網店所需要的網頁前後端建置來看，IT 團隊最基本的配置是 3 人，一年光是薪水就至少要付出 240 萬元。若以過去

打造快速獲利的電商生意腦

認為合理的營收 10％占比來看，表示這間網店的年營業額至少要 2,400 萬元、月營業額要達到 200 萬元，但很少網店在一開始就能做到這種規模。

第二種方式是找廠商做客製化網頁，客製化網頁會依照你的需求製作網站，但網頁建置費約數十萬到數百萬元不等，還得加上後續每年的系統維護費。雖是屬於買斷性質，但不會定期優化功能，所以如果你的網站是需要導購、購物車、會員等電商相關功能，使用上較不彈性，對於想要長遠經營網店的商家來說，並不是那麼便利。

第三種是找電商開店平台，在台灣常見的開店平台有 CYBERBIZ、91APP 和 SHOPLINE，從建置網頁等前置作業到行銷工具、金流物流串接等電商相關服務，都能完整一站式提供。以一間年營收 600 萬元的網店為例，若選擇 CYBERBIZ 最完整的方案，約 8 萬元年費，再加上系統維護費（約 5％的成交手續費），系統建置費在總營收占比約 6％，遠低於一開始提到的 10％～15％占比。

金流：不可忽視的固定成本

金流成本通常會抓營收的 1％～5％，網店一般會提供信用卡刷卡、行動支付、虛擬 ATM、超商取貨付款等支付方式。其

中，成本最低的虛擬 ATM 即是抽取訂單金額的 1％做為交易手續費；信用卡刷卡則通常是手續費最高的支付方式，手續費率一般在 1.5％～ 3.5％之間，有時候甚至更高，視支付管道及信用卡種類而定。

倉儲：當生意規模變大，便須詳加規劃

倉儲費用通常占營收的 5％～ 10％，受到商品材積、客單價和物流方式影響。

如果生意做到一定規模，有些商家會需要租倉庫來存放商品，那就得付更多衍生費用，如倉庫租金、倉儲管理人員、水電費、保全等，每個月至少要多支出 20 萬元。如果有倉儲需求、又不想自行管理倉庫的店家，可以選擇已整合商品代出貨服務的開店平台，不需要額外租倉庫，就有人幫你代管庫存並出貨。

美術設計：商品的更新頻率影響設計成本

好的商品需要精美的視覺和包裝，對摸不到實品的網路購物來說尤為重要。美術設計在網店營收中的占比通常為 5％～ 10％。美術設計成本的高低，會受到商品類型跟商家規模影響。

以商品類型來看，如果商品的更新汰換率高，那商品圖片素

打造快速獲利的
電商生意腦

材需要更新的頻率也高。例如：服飾店家每一季都需要推出當季商品，因此需要固定更新商品圖片素材；至於商品汰換率不高的店家（如保健食品）的美編需求，可能是需要針對不同的行銷檔期設計活動素材。

商家規模也會影響到美術設計的成本多寡，以服飾店家為例，小規模店家可能直接用製造商或中盤商提供的圖片即可；如果有實體服飾店，則可能是老闆直接拍攝穿搭照；規模更大的品牌則可能需要請攝影師、搭建攝影棚，甚至是固定更新網站前台設計，其效果類似實體百貨門市的櫥窗陳列，以建立更高級的品牌形象。

不過，隨著科技進步，現在已經出現不少 AI 工具，能一鍵優化素材圖片、合成背景等，美術設計的成本可望大幅降低。

人事管銷：省下實體店面的人力成本

至於人事管銷費用，則是具有一定規模的公司需要另外納入思考的。

經營網店的人事管銷通常包含聘雇會計、行銷企劃人員，以及各項雜費等固定支出，一般落在 15％～ 20％。網店的人事管銷費占比通常會低於實體店面，除了可節省實體店面的人力，現

在也有越來越多行銷工具能協助經營網店，省下更多人力成本。

廣告行銷：占比第二高的支出

廣告行銷費約占營收的 10%～30% 不等，在網路生意中，商品成本除外，廣告行銷是占比最高的類別。

從開店初期打響知名度到後期擴大生意規模，廣告行銷都在網店經營中扮演極重要的角色，但多數商家往往都將重點放在如何減少其他固定成本，忽略了應該配置更多資源在廣告行銷上。

一開始，商家得先找出商品在市場上的獨特定位，透過行銷包裝品牌，售價上才能避免與其他類似商品陷入低價競爭。有了足夠的毛利空間後，接下來才有更多資金投入廣告導流，畢竟，經營網店不像實體店面，只要地點選得好就會有過路客，而是需要靠行銷廣告把線上人流導進來。

下一步，則是利用行銷活動促進購買。例如：在賣美妝產品或保健食品這類攸關人體健康的商品時，需要更多行銷素材讓消費者放心購買。此外，有了第一波訂單後，也要開始思考如何運用各種會員和折扣活動，讓曾經購買過的舊客不斷回購。

對剛起步的商家來說，最大的挑戰在於，在還沒有任何收入以前，就需要預先支出一大筆廣告行銷費用。現在，也有開店平

打造快速獲利的
電商生意腦

台導入「影響力行銷」的相關工具,也就是讓擁有流量的網紅、團媽協助銷售商品。好處是商家事前不需要付任何費用,只要等到商品售出後再分潤給對方,可減輕營運初期的現金壓力。

初期就掌握成本結構,生意才能做穩做大

有了前述成本結構的概念,就能按照比例回推,哪些項目應該調高或降低費用,以及每個月還需要搭配多少行銷廣告費用,才有辦法達到目標營收,還要多少時間才能回本獲利。

網店商家在初期是否夠了解自己商品的成本結構,幾乎決定了未來生意「穩不穩」和「大不大」。

因為開網店不像開實體加盟店一樣,付完加盟費後,就能取得品牌授權,如果選對店鋪位置的話,就不用太擔心人流太少。對於網店商家來說,建好網站只是第一步,比起初期投入多少資金,後續每個月在扣掉固定成本後,還有多少銀彈能支援廣告行銷,才是生意能否穩定、有多快回本,以及能否獲利的關鍵。

而且,這七項支出都是環環相扣,從商品成本、金流物流、人事管銷等固定成本,再到廣告行銷費用,彼此互相影響。因為,如果商品成本能壓得更低,或者售價拉得更高,表示毛利空

間夠大，後續在資本上也更有餘裕，擁有更多預算用來投放廣告。而售價是否有機會拉高，則關乎到商家在營運初期時，是否有找對市場定位，投入足夠的行銷費用，建立起具有差異化的品牌形象，讓消費者願意掏出更多錢購買你的商品。

打造快速獲利的
電商生意腦

02 時間有限，怎麼安排優先順序？

Key to profit — 在電商經營上，如何管理時間，制定計畫和目標？

網店架好後，為什麼待辦清單反而不減反增？經營生意，最忌諱像無頭蒼蠅一樣這邊做一點、那邊做一點，無論是商品、行銷、會員經營都做不深，生意自然很難做起來。

想知道該從哪件事著手，時間和資源有限時應該優先做哪件事？就應該「以終為始」，先列出每個階段要達成的最終目標，再回推哪些事情可以幫助你完成這個目標。

從開店 Day1 起，各階段的重點任務

從決定開店的第一天起，可以將接下來的時程分成三階段，每階段都有各自的關鍵任務，先建立基本概念，就不會讓你手忙

腳亂（見圖表 1-2）。

圖表 1-2　開店三階段重點任務

第一個月 ── 一個月後 ── 長期

第一個月：
- ★ 思考網站的產品定位
- ★ 先選出重點商品，再追加其他商品
- ★ 梳理網站架構

經營網店的首要任務就是思考好網站的產品定位，接著是上架重點商品，並準備行銷素材。

一個月後：
- ★ 創造流量

在社群媒體上投放廣告、設定搜尋引擎優化（SEO），將流量從站外引進站內。

- ★ 設定業績目標
- ★ 提升轉換率和客單價

當成功創造流量、在市場上引起注意後，接下來就是要提高轉換率和客單價，把人流轉成獲利。

長期：
- ★ 持續優化經營策略

根據過去累積的商品銷售及顧客行為數據，進一步優化經營策略。

第一個月：確認定位

在打造一個成功的電商網站前，首要任務是思考好網站的產品定位，這不只會影響後續要上架哪些商品，還會決定電商未來營運的整體方向和策略。

打造快速獲利的
電商生意腦

　　產品定位指的是商家在目標市場希望吸引的目標族群。例如：同樣都是賣保養品，你想專注的客群是能負擔較高單價、同時對品質有更高要求的輕熟女，還是更注重 CP 值（性價比）的小資族？

　　如果一個電商網站在產品定位上十分明確，就有機會可以吸引到精準的目標客群。舉例來說，假設一家電商的目標客群是對保養品有較高要求的輕熟女客群，產品就應該選擇品質較高、成分更天然，且包裝精美的保養品，同時在行銷廣告上需要打造成高端的品牌形象。

　　由於定位清楚，消費者就能從各個與品牌接觸的環境，感受到品牌與他們個人需求的契合度，對品牌產生信任感，進而購買產品。長期下來，就可以在特定的客群中建立良好口碑，並在市場上擁有穩固的地位。

　　反之，如果一個電商網站的定位不明確，經營過程中就會遇到很多困難。例如：一間化妝品牌既想吸引對價格敏感的小資族，又想吸引追求高品質的輕熟女，那麼它的產品線可能會非常混亂，既有平價產品，又有高端產品，如此容易造成的結果是，無論小資族或輕熟女的消費者都可能感到困惑，無法清楚理解這個品牌究竟主打什麼，進而影響購買決策。小資族可能覺得這家電商的高價商品與自己的需求不符，而追求品質的輕熟女又可能

覺得低價產品削弱了品牌的高端形象，結果兩邊的客群都無法滿意，品牌也難以形成鮮明的市場定位。

確定產品定位後，下一步就是要選出符合產品定位的重點商品類別，可大致分為以下三種：

1. 帶路雞商品

又稱為「引流商品」，指的是具有高吸引力和高 CP 值，能夠吸引大量訪客進入網站，並進一步瀏覽和購買的商品，是提高網站流量、品牌知名度和帶動業績的關鍵。這類商品通常價格較低或折扣力道大，容易吸引消費者眼球。例如：日本服飾品牌優衣庫（UNIQLO）的基礎款 T 恤，便是以高 CP 值吸引大量消費者，也能同步帶動其他商品的銷售。

2. 高規格品

這是具有高品質也相對高價的商品，這類商品有助於建立品牌形象、創造品牌差異化，吸引對品質要求更高的消費者。此類商品的利潤空間也相對大，能為品牌帶來更多獲利。例如：販售咖啡豆的商家，除了提供價格合理的咖啡豆，也能針對比較要求咖啡風味的消費者，提供更高品質的高單價咖啡豆，建立品牌差異度和顧客忠誠度，同時還能帶來更多利潤。

打造快速獲利的
電商生意腦

3. 加購商品

這是能做為主要商品的補充，順帶提高客單價的商品。這類商品通常單價較低，但可以提高消費者的購買體驗。例如：一家以精華液聞名的保養品電商，也可以推出面膜、洗面乳和化妝棉等周邊商品，不只能讓目標客群提升膚質的效果更顯著，也能帶動商家業績。

只要將網站產品定位確認清楚，就可以先上架重點商品，並從消費者角度思考應在官網提供哪些資訊、準備好相關行銷素材，如商品文案、開箱體驗文、品牌故事等，才能成功引起消費者的購物欲望，並一路引導消費者購買。後續可再根據銷售情況，慢慢追加其他商品，並持續調整和優化產品線，吸引消費者不斷回訪。

 **上架商品不必求多！**

在初期上架商品時，要追求的是「精」而非「量」，也就是先把重點放在打造暢銷品，而非盲目追求商品上架數。要先思考，哪一樣商品有成為暢銷品的潛力？接下來要想的是，如何把有限資源集中在這項商品，為其量身打造相關廣告行銷素材，讓消費者一看了就好想買，提高商品頁面的點擊率。

一個月後：創造流量

網店不像實體店面會有過路客，如果沒有投入行銷廣告，根本不會有消費者注意到你的商店，即便上架再多商品，這些商品也不會被看見。因此，當你用第一個月把店面都打理好了，接下來要開始想辦法吸引人潮進站，創造網店流量。

在這階段，可以開始在社群媒體上付費投放廣告、設定搜尋引擎優化（SEO），將流量從站外引進網店。

內容行銷也是常見的方式，也就是利用優質內容吸引消費者。一種是自己寫，把自己變成產業意見領袖，開設部落格分享產業知識、產品使用教學文章等；另一種是請別人寫，可以在商品正式開賣前，找網紅或部落客寫開箱文。**網紅不一定要是擁有數十萬粉絲的頂級網紅，也可以先從社群上擁有幾千名粉絲的微網紅開始，只要粉絲族群跟品牌調性相似即可**，對方通常也會因為需要素材，合作意願也會更高，對品牌來說，不僅能獲得網紅帶來的粉絲流量，也能累積更多行銷素材。

這階段要注意的是，假設能在正式從外站引流前，就把會員募集活動一併想好，當人流透過主力商品進來時，也能同時加入成為會員，方便後續做會員再行銷。反之，若一開始沒有規劃會員機制，那好不容易吸引進來的人流變成只能一次性互動，一開

打造快速獲利的
電商生意腦

始投入的流量費用等於浪費掉了，很可惜。

一個月後：設定業績目標

儘管網店經營初期階段的重點，更多放在建立網站架構、聚焦產品定位和準備行銷素材，設定業績目標仍然是必要的任務，因為設定業績目標可以提供清晰的方向，幫助你更有效分配資源和評估進展。

建議初期設定的業績目標要包含：

1. 流量目標

可以是網站的總訪客數量，或某個特定頁面的點擊率。目標不需要過於宏大，但可以設立一個合理的範圍，逐步增加，例如：「第一個月內吸引 500 位獨立訪客」。

2. 轉換率目標

根據初期的流量數據，可以設定一定的轉換率目標，這個目標應該能反映你對初期購買率的合理預期，例如：「達到 2% 的購買轉換率」。

3. 客單價目標

可以透過優化商品頁面和提供搭配銷售來實現，例如：「提升客單價至 1,000 元」。

4. 會員數量目標

如果你有規劃會員系統，初期可以設定一個會員註冊的目標，例如：「一個月內達到 100 名新會員」。

電商獲利的基本公式為：營收＝流量 × 轉換率 × 客單價。 轉換率指的是，消費者在進站後真正完成購買的比例。客單價則是每筆交易的平均金額。當成功創造流量、在市場上引起注意後，接下來，則是要提高轉換率和客單價，把人流轉成現金。

具體做法除了可以持續增加廣告投放預算，也要開始提高進站流量變成實際下單的**轉換率**。也就是說，假設網站一天的平均訪客數有 1,000 人，原本一天只有 50 人會下單，**轉換率**為 5％，那要怎麼讓**轉換率**提高到 10％，下單的人數增加到 100 人？

提高轉換率的方式，包含優化站內體驗、結帳流程，以及提高廣告行銷的精準度（第 3 章會再進一步說明）。如果你真的不知道該從哪一塊開始著手，建議可以先檢視網站瀏覽數據，或許能得到一些靈感，例如：訪客進入網站後通常都停留在哪個商品

打造快速獲利的
電商生意腦

頁面？最常被放入購物車的商品有哪些？有了這些資訊後，就能清楚知道哪些屬於熱銷和有潛力的商品，下一步就能針對這些商品加強廣告行銷。

隨著獲取新客的廣告成本越來越高，如何提高舊客回購率顯得更為重要。特別是，台灣市場本身規模有限，如果你的商品又屬於利基市場，那重點更要放在會員經營上。有些開店平台會提供顧客關係管理系統（CRM），讓商家可根據顧客消費習慣的不同來分類，並且可再依此推出客製化的優惠獎勵或折扣。

至於如何提高客單價，第一步要檢視的是網站素材是否需要優化，讓商品變得更有吸引力。另外，也能推出產品搭配促銷，讓消費者可以加購更多商品。會員機制如果設計得好，也可以激勵客單價提升，例如：假設以往官網的平均客單價約為 2,000 元，那你可以把成為官網 VIP 的消費門檻設定在 3,000 元，增加顧客買更多的誘因。

長期：優化經營策略

當商家已經掌握如何創造流量、提高轉換率、累積一定的會員規模，也有了過去一年累積的商品銷售及顧客行為數據，就可以依此再進一步優化經營策略。

知道特定商品的購買頻率,就能推論出該在什麼時間點做促銷活動;發現某商品的回購率特別高,可考慮直接在網站中開放讓顧客長期回購的機制;或是發現某商品特別熱銷,那在做促銷活動時,比起當下就讓顧客折抵,更好的做法是提供優惠券,讓顧客下次消費時可使用,甚至能設定低消、指定商品,讓暢銷品為其他潛力股、更高毛利或需要清庫存的商品導流。

　　總結來說,從開店初期的準備素材,到學習如何擴大流量和提高轉換率,都是在打好做品牌的基礎。有了前面的數據和經驗累積,後續才有辦法更了解自己的商品、顧客和市場,制定出更有效率的營運策略。當後期營收到達一定規模,擁有更多資金和預算,再搭配正確的營運策略,生意自然能越做越大。

03 買了系統後，訂單為什麼不如預期？

Key to profit　並非買了電商系統就能坐等訂單進來，還需要持續進行網站和廣告的優化與整合。

開好網店、把商品上架後，你是否滿心期待，以為很快就可以迎來第一筆訂單，沒想到生意卻遲遲未見起色，開店預備金逐漸要見底……為什麼明明都是賣類似的商品，消費者都跑去別的店家買，就是不在我的網店下單？開了網店後，還有哪些地方需要優化？

其實，買了電商系統、架好網站，只是第一步。接下來，從網店的站內體驗、購物車流程到站外的廣告行銷，都需要持續進行優化。

不過，在思考如何優化網站之前，必須建立一個很重要的觀念是：**把自己當消費者，想的不是該「怎麼賣」，而是身為消費者會「怎麼買」。**

從網站視覺、購物體驗到售後等每個環節，都有許多值得優化的地方，因此在網店剛起步、資源尚不充裕的階段，建議商品上架的數量追求「精」而非「量」，如此才能集中資源，先把主軸商品做起來。網店在初期還沒有建立起品牌知名度時，消費者並沒有絕對要向你買的理由，因此更需要將購物流程做到最優化，才有機會留下顧客。

優化面向① 站內體驗

網店的站內購物體驗，是消費者「想不想買」的關鍵因素，又可以分為兩種層面，分別是「視覺面」的體驗和「功能面」的體驗。

視覺面的體驗

最基本的是網站首頁視覺能否吸引消費者停留、商品圖片和介紹資訊是否夠清晰易讀，這些都需要持續優化。甚至是設計各種能「刺激消費」的站內設計，讓消費者不只願意長時間停留，甚至願意點進商品頁面下訂購買，增加轉單率。要刺激消費，可參考以下三步驟。

首先，**在商品頁面詳細說明商品的優勢**，包含商品的獨特賣

點、使用場景、品質保證及使用者的好評等。很多商家在初期常犯的錯誤是，在商品說明頁放上一長串產品規格和功能介紹，但消費者看完一堆資訊後，很可能還是搞不清楚這項商品能替他解決什麼痛點，或是為什麼要向你買，而非跟其他商家買。

建議可以先研究市場趨勢和消費者需求，找出自家產品能解決的具體問題或能滿足的特定需求，透過比較競爭對手的產品和市場，找到屬於自己的獨特賣點。例如：有些保養美妝產品主打環境友善、不做動物實驗，即便市面上還有其他擁有保溼、美白功能的競品，還是能吸引到注重環保的消費者。更直接的做法是，透過顧客評論和問卷調查蒐集用戶回饋，找出他們喜歡產品的哪些特點。

找到優勢點後，第二步是**想辦法透過圖文素材彰顯商品價值**。在文案上，應該想辦法凸顯商品的核心賣點和獨特之處，強調商品能幫消費者解決哪些問題、帶來哪些好處，越簡潔有力越好。解析度好的圖片和影片也不可或缺，除了可以展示商品的功能，還能幫助消費者更容易想像產品在不同情境下的使用方式。

除了靠商家自己講，也應該多引述外部評價，例如：是否有通過哪些產業標準、獲得哪些認證？或者是直接展示產業專家的試用文、開箱文，增加產品的可信度和吸引力。

最後，商家可以**在官網顯眼處放上多種優惠方案，增加消費**

者的購買衝動，像是透過限時折扣創造購買的急迫性，或是推出買一送一、組合優惠活動，讓消費者覺得買到賺到。

功能面的體驗

除了視覺面的站內體驗，另一種則是功能面的站內體驗，也就是讓消費者的購物流程夠順暢，以減少消費者跳離網站的機率。

商家要注意網站的開啟速度是否夠快及夠穩定，以及使用不同裝置（手機、平板電腦、筆電）開啟網站的呈現方式和體驗是否一致，避免消費者用手機打開網頁後，只看見一堆像螞蟻般非常小的文字和圖片，因此電商平台是否有支援「響應式網頁」（RWD）技術就更加重要了，響應式網頁能確保不管消費者用哪一種裝置開啟網站，都能獲得最好的瀏覽體驗（見圖表1-3）。

在網站動線設計上，也需要有清楚的選單設計和商品分類，幫助消費者更容易找到想要的商品，可以做到二維或三維選單（這裡的維度指的是，商品可以往下做多少層分類，例如：服飾＞上身＞冬季／夏季，見圖表1-4）。選單設計上，須與品牌風格統一，如果想呈現精緻極簡的質感，商品數量和選單分類則不宜太多。

打造快速獲利的
電商生意腦

圖表 1-3　有無支援響應式網頁，在手機上實際呈現的範例

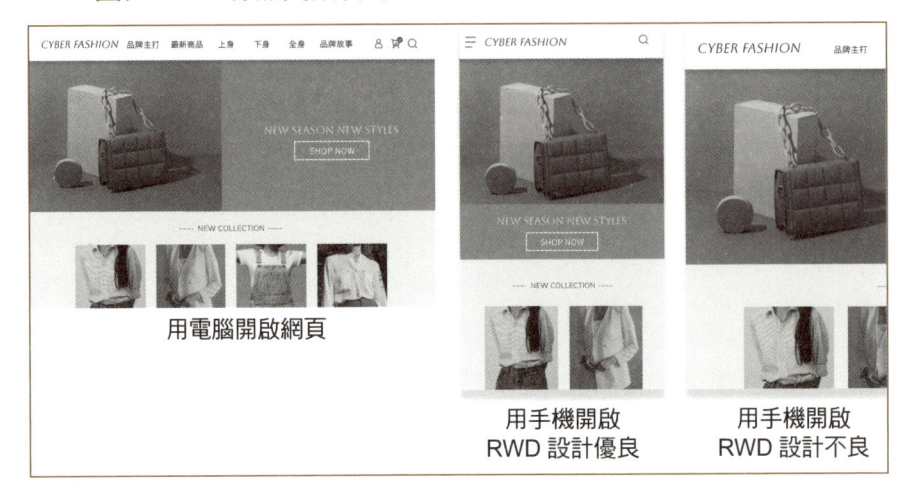

用電腦開啟網頁

用手機開啟
RWD 設計優良

用手機開啟
RWD 設計不良

圖表 1-4　商品選單分類範例

40

另一個情況是，消費者被廣告素材吸引了之後，很想購買，卻找不到下訂單的地方。有些網店為了介紹商品，從商品獨特性到使用者證言寫得非常詳盡，這些內容固然有助於增加消費者的購買欲望，但如果介紹資訊太長一串，導致消費者很難找到選購商品的地方，那也會消磨消費者的耐心和渴望。通常遇到這狀況，可以考慮在圖片和大量資訊間穿插下單鍵。

想評估自己的網站是否還有優化空間，透過以下這兩項工具，能幫助你了解還有哪些地方可以調整：

1. 數據分析工具

利用 Google 分析等數據工具，除了追蹤銷售轉換，還能深入了解消費者進站後的網站瀏覽行為，包含大家是被哪一個頁面吸引進站、網站瀏覽時間、瀏覽頁數、停留頁面和跳出率等，確保網站正在朝對的方向調整。

2. 廣告投放 A/B 測試

在決定優化方向時，可先設計兩套網頁或活動頁，用相同預算和時間投放廣告，最後再比較哪一套的成效更好，對消費者來說更有吸引力。

優化面向 ② 購物車結帳流程

在你不斷優化廣告投放、網站動線和行銷文案後，成果也開始浮現，網站瀏覽率和商品被放入購物車的比例順利提高，恭喜你，已經通過第一關挑戰！不過，現在並不是鬆懈下來、坐等營收自動入帳的時候，因為接著你可能會發現，儘管許多消費者將商品放入購物車，最後並沒有真正結帳。

造成購物車未結帳可能有幾個原因：家裡沒有管理員幫忙收包裹，但網店也沒有提供超商取貨的選項；在購買前要先註冊會員，光是填完所有資料就已經花了 10 分鐘，還要提供出生年月日、地址等敏感個資；商品單價高，卻找不到相關售後服務說明……只要有個環節讓消費者停下來猶豫，就會造成購物斷點，導致訂單流失。

由此可知，**顧客最終「要不要買」的關鍵，在於網站的購物車結帳體驗是否夠順暢**，如果想減少斷點、加速消費者的決策過程，可以從以下三個地方進行優化：

1. 金流、物流多元性

檢查是否已涵蓋目前最主流的金流和物流服務，供消費者自行選擇。讓住家沒有管理員幫忙收包裹的消費者，可以選擇超商取貨；而在意配送速度的消費者，則可以選擇宅配。

2. 簡化流程

有些網店在結帳前會需要消費者登入會員、填入許多繁瑣資料，在品牌剛起步、消費者對品牌還不太熟悉時，對於提供個資會有疑慮，影響購物體驗。商家可以思考哪些資訊是必要的，是否有簡化的空間。

3. 售後安心服務

針對購物車流程及售後服務（例如：退換貨），網頁上是否找得到完整說明，甚至能提供線上即時客服，幫消費者即時解決疑慮，引導他們完成購買步驟。

優化面向③ 站外廣告行銷

優化網站固然重要，但若沒有源源不絕的流量進入網店，也是徒然。

做好官網的搜尋引擎優化是站外導流的基本功，建議商家應時常搜尋自家品牌關鍵字，以檢視自己在網路上的能見度如何；再進階一點，可以採取「鄉村包圍城市」的策略，用不同種的商品類型做為關鍵字去搜尋，以了解自家商品在整體市場中的排名如何、市場搜尋熱度變化等，來發覺自己的商品頁面有哪邊可以

優化，因為如果關鍵字設定的範圍太大，關鍵字排名很難贏得了大公司；如果販售的品項較多，則可以先從主軸商品開始檢視。

工欲善其事，必先利其器，Google Search Console[*]是搜尋引擎優化的重要工具，由 Google 免費提供，能幫助商家了解網站在 Google 上的整體表現，例如：點擊率、曝光次數、平均排名等，也會提供有助於提升搜尋排名的相關資訊。

在 Google Search Console 上，可以看到是哪些關鍵字讓網站出現在搜尋結果，以及這些關鍵字各自的搜尋次數和導流成效如何，這讓商家能知道哪些關鍵字的導流效果更好。另外，Google Search Console 也能檢測出可能導致網站搜尋排名降低的相關技術問題，例如：載入速度過慢、有頁面無法訪問、手機版網站的使用體驗不佳等，讓商家能迅速發現並修復這些問題。

另一個值得投資的是「影響力行銷」，讓擁有流量的團媽或網紅，將你的商品分享給他們的粉絲。甚至是讓品牌的每一名顧客都成為你的推廣大使，推薦給他的親朋好友。這需要搭配額外的分潤工具，讓網店每一位會員都擁有自己的專屬推薦碼，並且依照推薦成功的訂單金額，提供相對應的紅利點數。這麼做的好處多多，一來，消費者會覺得受到重視、願意幫品牌分享；二

---

[*] Google Search Console：https://search.google.com/search-console

來，當訂單產生後，會員獲得的紅利點數也會鼓勵他回來消費，維持後續回購率及會員忠誠度。

前述每個面向的優化，**建議可用「月」為單位定期檢視更新，而針對主力商品的檢視頻率則要更頻繁，若是瀏覽數或轉換率下降，就需要即時調整。**

然而，如果嘗試了前述方法，營收還是未見起色，要思考的可能是商品本身是否哪裡出錯了。

要判斷問題是否出在商品上，「退貨率」是其中一個指標，如果商品退貨率一直居高不下，那有可能是包裝太過美好、與實品的落差太大，最終導致退貨。畢竟，一個好的行銷活動用在不對的產品上，可能反而會害了品牌。

優化面向④ 庫存與訂單管理

庫存與訂單管理不僅關係到營運成本，更直接影響顧客的購物體驗。因此，無論是剛起步的新手商家，還是已有一定規模的網店，都應該重視這一環節的優化。想要打造高效的庫存與訂單管理系統，以下兩部分必須留意。

退貨與換貨流程優化

良好的退貨與換貨流程,不僅能增強顧客的購物信心,還能提升他們的滿意度。透明且簡便的退貨與換貨政策,能有效降低顧客因擔心退貨困難而放棄購買的機率。

此外,仔細記錄每次退貨與換貨的原因,能幫助你發現產品或服務中可能存在的問題,進一步優化整體品質,從而降低未來的退貨率。

顧客訂單追蹤

提供顧客訂單追蹤功能,能讓顧客隨時了解訂單的處理進度和物流狀態,這不僅增加了顧客的安全感,也減少了因為不確定性而產生的客服需求。當顧客可以清楚掌握訂單動態時,他們對你的品牌信任度也會因此提高。

以下兩個方法,可以幫你更有效率管理庫存和訂單。

1. 即時庫存管理系統

擁有一個即時庫存管理系統,能夠確保你的網店庫存數據始終與實際庫存數量保持一致,避免顧客因缺貨而失望。想像一下,當顧客興致勃勃地下單後,過一陣子卻收到商品無法供應的

通知,他們的購物感受會有多麼失望。為了防止這種情況發生,使用能自動更新庫存的系統是必須的。

透過此類系統,你還可以設置自動補貨提醒功能,也就是當庫存數量低於某個數字時,系統會立即通知你,確保熱門商品不會因為補貨不及時而影響銷售。

2. ABC 分析法

在管理庫存時,建議採用「ABC 分析法」來優化你的資源分配,把商品按照銷售額和需求頻率分為 A、B、C 三類。

- A 類:高價值且銷售穩定的商品,應保持較高的庫存量,確保隨時有貨。
- B 類:次要商品,可以根據需求靈活調整庫存。
- C 類:銷售量較低的商品,應盡量降低庫存,以免占用過多資金。

04 除了打折扣戰，還能怎麼吸引目光？

Key to profit 當市場都在削價競爭，差異化行銷、品牌故事，依然能為消費者提供價值和特殊體驗。

太陽底下沒有新鮮事，在電商世界也是如此，你找得到的貨源、想得到的商品，一定也有其他人能做到，而消費者只要動動手指到搜尋引擎上找一下，立刻能找到類似的商品清單，也讓消費者很容易比價。這時，如果只想著要透過促銷折扣來衝業績，只要有一間商家先打出10％折扣、接著換另一間商家祭出更低的折扣優惠，小心！你們很快就會陷入低價競爭的死亡螺旋。

其實，要走薄利多銷路線也不是完全不行，但要有本錢。想走這路線的商家得先思考，你的取貨管道、囤貨和降低成本的能力是否比競爭者更出色？如果都沒有，那低價路線就不是最適合你的方式，你應該思考，除了比價格，還有沒有其他方法可以吸引消費者的目光？

抓出產品亮點，打造品牌故事

如果是市面上還不普及的商品，表示一般消費者還不理解商品有哪些好處，因此商家應該先抓出產品特色，並且用精簡快速的方式讓消費者理解商品的價值。想有效傳達產品的亮點，可以從以下幾種做法著手。

首先，**使用精準的文字描述產品**。描述產品的詞彙不宜太複雜或使用太多專業術語，應使用簡潔易懂的文字描述產品主要功能和優勢。另外，也可以使用常見的搜尋關鍵字來描述商品，提高商品在搜尋引擎上被看見的機會。假設你販賣的商品是有機蜂蜜，要為你的產品撰寫產品介紹，以下兩種產品簡介，哪一種描述更好呢？

範例 A：有機蜂蜜 100％天然純正（500g）	範例 B：蜂蜜（500g）
由天然花蜜釀成的 100％純正有機蜂蜜，無添加劑或人工色素，包含了豐富的營養價值。香甜順滑，適合加入茶飲、烘焙或直接食用，為你的日常膳食增添健康美味。每一滴蜂蜜都經過嚴格的品質控管，保證享受最純正的天然滋味。 • 100％天然無添加 • 來自有機認證的農場 • 適合烘焙、茶飲和日常食用	這款蜂蜜，放在茶裡或食物裡都可以食用，味道還不錯，是一種很好的產品。來自蜂巢，經過加工製成。買來試試吧，你應該會喜歡的。

讓我們來分析一下，範例 A 在商品名稱中傳遞了產品的核心價值和賣點（如「100％天然」、「有機」），簡介中出現了有意購買蜂蜜的消費者可能會注重的關鍵字（如「健康美味」、「純正」、「無添加」），這樣的描述既容易理解，又能確實幫助消費者了解商品的特點，提升購買欲望。範例 B 的商品名稱和簡介則過於空泛，無法提供具體的產品資訊，並且缺乏關鍵字和吸引力，讓消費者無法清楚了解產品的價值和用途。

另外，在電商消費者摸不到實體商品的情況下，商家如何透過圖文和影音，清楚將產品賣點展示給消費者也至關重要。除了產品細節照，商家也可以多多展示商品使用情境的影音，讓消費者能夠直接看到如何使用產品以及使用的效果；或是提供產品使用前後的對照圖，強調產品的效果和優勢。

商家也可以鼓勵消費者多多分享使用心得和評價，讓潛在消費者看見其他人的真實心得，增加購買信心。

抓出產品亮點後，更重要的是述說你的品牌故事。畢竟做電商，最怕遇到的狀況就是商家真的只「賣」東西而已，因為網路上相似的商品這麼多，消費者並沒有一定要來跟你買的理由。這時，能不能說好品牌故事，就是關鍵。當你的商品只剩功能，少了品牌文化和精神時，消費者很容易就會被其他價格更低廉的類似商品吸引走；反之，如果成功創造品牌差異化和商品獨特定

位，就增加了一個消費者一定得在你家購買的誘因。

要說好品牌故事，**第一步得先確立品牌核心價值，這是品牌故事的基礎，並透過網站、產品包裝、廣告等各個接觸點傳達出「一致」的品牌精神**。例如：以環保和社會責任為品牌核心價值的戶外服飾品牌巴塔哥尼亞（Patagonia），從產品包裝、網站文案到社群行銷，都能看出其環保精神。

要注意的是，外在的設計對建立品牌同樣重要，從品牌識別系統（Corporate Identity System, CIS）[*]、網站整體色調、商品圖片到行銷文案，都要擁有一致的品牌形象。舉例來說，如果品牌是走精緻質感路線，那網站圖片和行銷素材也不宜設計得太有「商城感」，也就是陳列過於琳瑯滿目，避免消費者感到視覺疲乏。

培養廣告投放的能力

在社群媒體或搜尋引擎投放廣告，雖然要花費額外費用，卻是短時間內帶動流量最有效的方式。然而，要將廣告投放做得

---

[*] 是指公司或企業向消費者、投資人等大眾展示形象和理念的方式。CIS 設計是指為了傳遞企業形象所進行的一系列設計，通常包括：企業名稱、標誌、標準字、標準色、標語、吉祥物、產品包裝等。

好，需要具備一定的策略和技巧。

如果一間品牌想長期經營電商生意，那數位廣告投放最好不要外包，而是在公司內部養成這項能力。不過相較過去，現在廣告投放的技術門檻已經大幅下降，甚至有些開店系統已整合 Facebook、Google 等常見的廣告投放平台，並串接第三方廣告行銷工具，讓原本沒有相關經驗的商家也能快速上手。

另一方面，如果真的要找外部團隊代操廣告投放，那也需要擁有一定的預算才可行，一來現在廣告投放成本已經越來越高，二來代操公司還會從廣告預算裡抽成 15％～ 20％ 當作服務佣金，因此建議一個月至少要有 10 萬元預算再外包，比較看得到成效。

將廣告投放外包的成本會隨著營運規模擴大而變高，吃掉獲利空間。**只有自己實際下場操作，才能從中更了解市場對商品、文案的喜好，因此長遠來看，建議還是從內部養成這項能力比較穩定和划算，也比較不會遇到獲利成長瓶頸。**

槓桿網紅資源

如今，網紅、團媽依然是強大的流量聚集器，在合作形式

上，可以先從相對簡單的商品開箱文開始做起，累積品牌和商品知名度，而這些開箱文也可以蒐集起來放到官網上，累積外部推薦力量，等到消費者來下單時，就算還不認識你的品牌，但看到這麼多人推薦，也會覺得更安心。

在挑選合作對象時，可以先從與自己品牌風格和目標客群類似的網紅開始合作。若預算有限、請不起太知名的網紅也沒關係，粉絲數只有千人等級的微網紅也很適合，雖然他們的粉絲數沒有那麼多，仍有其優勢，例如：有議價空間、粉絲忠誠度和互動度更高等。

自己成為意見領袖

如果不想找網紅或團媽，或是預算有限，那就試著自己成為網紅吧！意思是把自己變成產業意見領袖，將你本身具備的專業知識展現給大眾，這樣你說的話、賣的商品，都更能讓人信服，也讓消費者在搜尋相關話題時能主動找到你的網站，幫助提升品牌形象、吸引外站流量、提高轉換率。

舉例來說，如果你是保養品商店，可以想到目標客群最在意的問題應該是如何解決皮膚狀況，因此你可以分享常見的皮膚狀況有哪些、造成原因及建議應對方法，**從「替消費者解決問題」**

的角度出發撰寫文章，如此一來，消費者自然更願意購買由專家推出的產品了。

如果你是賣食品的網店，則可以分享使用你們商品做出的菜餚食譜，曾經有罐頭品牌商分享如何透過罐頭煮出澎湃料理的系列文章，精準打中預算有限又想吃好料的小資族。

低價不是萬能的

回到開頭說的，在電商經營中，許多人一想到促銷活動，最先想到的就是打折，但打折是一把雙刃劍。如果商家在促銷策略上僅僅依賴打折，等於是在侵蝕自己的利潤，因為當顧客習慣這樣的折扣力道後，未來會對價格越來越敏感，這將漸漸侵蝕商家利潤，最終影響長期盈利。

因此，商家在祭出折扣優惠時，應該這麼想：「**每次促銷都是在思考如何將利潤更大化。**」打折是希望讓整體銷售量變多，只要總銷售額大於打折之前，那就是一門好的促銷活動。

在做折扣活動時，思考重點在於如何刺激消費、提升營收，常見做法包括：利用加購優惠和網綁銷售增加客單價；透過限時促銷或限量優惠創造稀缺感，讓消費者更容易衝動購物；提供會

員專屬優惠，鼓勵顧客重複回購等。

　　針對不同客群，也應該依照其個性提供不同的折扣。假設你是一間還沒有什麼知名度的網店，應該會希望消費者在進站當下趕快完成衝動購物，那確實滿適合提供當下就能折抵的折扣優惠，如滿額折抵多少錢這類的全館活動。反之，如果是已經有知名度的店家，當下就能折抵的折扣優惠不一定最適合你，如果你提供的是可累積到下次使用的紅利點數，不只能讓顧客願意回頭購買、帶動業績，還能搭配組合商品優惠策略，達到提高毛利或出清庫存等目的。

05 如何制定年度行銷計畫?

Key to profit 制定每年度的行銷計畫,根據目標訂定預算和追蹤效益。

　　行銷計畫,就像一套組合拳,用行銷漏斗(Marketing Funnel)*的概念來看,要先有流量、把流量轉換成訂單,最後才是營收進帳。因此,在規劃行銷活動時,不能只是追求當下的單一場活動要賺多少,而必須更有策略,不只賺營收,還要賺毛利、會員、品牌、曝光等。怎麼打出一套完美組合拳?可以參考以下思考架構。

---

* 指消費者從認識品牌到對品牌產生認同,所經歷的一系列購買歷程,包含四階段:認知、考慮、決策、忠誠,一開始認知階段會有很多人進入,但隨著考慮和決策會篩掉越來越多人。

制定行銷策略前的準備工作

制定年度行銷計畫的第一步,就是確定品牌的產品目標和發展方向為何,譬如你接下來是想提升產品在既有市場的市占率,還是想開拓新市場?或者是,既有產品的未來成長潛力已經快要達到天花板,因此想開拓新產品線?這些都會影響到接下來的整體行銷策略方向。

在制定行銷策略之前,商家得先構思清楚自己的產品策略,畢竟,品牌的根本是由產品累積而來,當產品目標和發展方向夠清楚,接下來才能產生具體且有效的行銷策略。

確認行銷活動的目標

在確定產品策略後,下一步的重點是,確認你想透過行銷活動傳達哪些重點。例如:想強調某樣產品的「獨特銷售主張」(Unique selling proposition, USP)[†],或是想凸顯品牌的核心理念等。

[†] 指在商業模式中,告知客戶自己的品牌或產品如何優於競爭對手的行銷策略,由美國廣告大師羅瑟・里夫斯(Rosser Reeves)於 1961 年提出的概念。

不過，許多品牌在聚焦行銷活動的目的時，常常會陷入這樣的煩惱：「應該投入更多資源在長期的品牌塑造，還是先把資源放在可促進短期獲利成長的產品銷售？」答案會依照品牌的產品策略而有所不同。

旗下只有單一主打產品

第一種情況是，品牌旗下只有單一產品，那行銷活動目的則相對單純，通常只要確認該產品所屬市場的成長潛力、產品目前在市場中的定位、主打的客群為誰，就能設計出相對應的行銷活動。

舉例來說，如果看好產品所屬市場在未來仍有不少成長空間，且產品已經成功打進市場，那在設計行銷活動上，就值得投入多一點資源在長期的品牌建立。但相對來說，如果品牌目前只有一款實驗性新品，既不確定市場成長潛力，也還不確定自家產品在市場上是否有足夠吸引力，那就建議先把資源投入在短期的產品行銷上，先想辦法把成本回收再說。

簡單來說，**如果市場潛力大，品牌可以放更多資源用於長期品牌經營；如果市場規模有限或競爭激烈，則可能需要更注重短期獲利。**

旗下擁有多種產品

第二種情況是，品牌旗下擁有多種產品。這時，品牌就要思考每個產品各自的行銷目的，以及這些行銷活動可以如何互相搭配，同時強化品牌整體的形象。

例如，某品牌原本是做高齡者的保健品，雖然已獲得一定的市占率，卻發現市場成長開始趨緩，因此決定切入做寵物保健品。對這間品牌來說，高齡者保健品是現階段為品牌帶來營收的核心商品，而寵物保健品則是具有更大成長潛力的新興商品。因此，在行銷策略上，應該是利用核心商品的優勢來推廣新商品，換句話說，該品牌應該多多強調，他們會如何將過往製造高齡者保健品累積的專業技術和優勢，應用在製造寵物保健品上。如此一來，不只能強化品牌在保健品領域的專業形象，也能同步帶動新品。

在這階段，品牌除了釐清自己的產品定位，也需要同步分析目標市場和客戶群的特點和需求、研究競爭對手的品牌策略，尋找差異化機會。

大品牌常用的消費者市場分析工具，包含針對目標族群做問卷調查、焦點團體訪談，不過對資源相對有限的小廠商來說，更推薦另一種方式：加入 Facebook 相關社團或自己創建一個社

團,可觀察特定族群最近對什麼東西感興趣、大家在討論哪類話題等,也是一種了解目標消費族群購物喜好的方式。又或者,可以參考競業在社群上發表什麼類型的貼文,而觀看數或點閱數相對高的又是哪些類型的內容。

對經營生意一段時間的品牌而言,藉由過去累積的消費數據,應該已經可以分析出對品牌來說最重要的消費群體,包含年齡、性別、興趣、消費型態等數據,以此做為接下來產品策略和行銷活動的參考。

將策略轉換為可執行的行銷計畫

接下來,是要將在上個階段確認的行銷目標,**轉換為讓消費者可以好好接收到的行銷活動**。

電商行銷活動的形式五花八門,包含可促進短期營收的社群媒體廣告、請網紅拍開箱影片、舉辦折扣活動或會員日、發放優惠券、推出限量商品、開線下快閃店等,或是長期可提升品牌塑造的內容行銷、優化品牌在搜尋引擎的排名等。

要注意的是,品牌在規劃行銷活動時,必須根據品牌目標,有計畫地持續和消費者溝通。**關鍵在於,讓大家「先聽懂」**,接

著才能聽得更深入，建議品牌可設定自己的「整合行銷日曆」，架構可參考以下三階段：

第一階段：提升品牌知名度

這階段的溝通重點是要讓消費者先注意到品牌，意識到品牌的存在，做法上可以追求較廣泛的品牌曝光，強調品牌名稱和品牌理念等。

第二階段：深化產品特點

此階段的溝通重點在於讓消費者了解產品的獨特賣點，溝通應聚焦在品牌的核心優勢、獨特功能，不停強調這些能凸顯產品特色的資訊。

第三階段：強化產品優勢認知

此階段的溝通重點在於，告訴消費者你的品牌和產品能如此厲害或與眾不同的「原因」，以建立品牌和產品在消費者心中的地位。策略上應該更深入解釋品牌及產品的優勢，例如：提供具體的產品應用場景、比較數據等。

每個階段都有相對應的衡量指標。比如，在提升品牌知名度的階段，衡量指標可能包含品牌名稱搜尋次數、網站流量、社群媒體討論度等；在深化產品特點階段，衡量指標可能包含產品介紹影音觀看率、產品詢問率等；在強化產品優勢階段，衡量指標可能包含口碑推薦指數、對品牌競爭優勢的理解程度等。

不過，仍有不少人認為，行銷活動的效益很難評估，特別是針對長期品牌塑造的行銷投入。在這邊要打破大家對這件事的迷思，**絕對沒有不能受評估的行銷活動**。就拿長期品牌塑造這件事舉例，我們需要再多問一個問題：「為什麼要做品牌塑造？」相信答案都是想要透過品牌帶動未來營收成長。因此，在評估品牌塑造的行銷資源時，應該先透過分析市場規模和品牌在市場中的競爭優勢，想辦法量化品牌對未來營收的影響。只要能將該數字量化出來，相信要投入多少行銷資源到哪一種行銷活動中，答案自然清楚浮現。

至於如何量化數字？首先，需要確定目標，例如：提高品牌知名度或增加市場占有率；接著，分析當前數據，像是市場占有率和品牌知名度，並研究市場機會；再來設定 KPI 追蹤行銷效果，包含知名度成長和新客戶轉換率；之後，透過數據模擬預測品牌知名度提升對營收的影響，並計算投資報酬率（ROI）；最後，持續追蹤並調整策略，確保品牌塑造活動的成效最大化。

根據商品特性規劃預算

關於行銷預算的規劃，可以參考以下兩種思考架構。

第一種，可用整年度營業額為基準來劃分。比照去年 1 月到 12 月的營業額，對應預算，等比例調整。例如：食品業一年的主軸很可能是在年菜檔期和中元節檔期，那編列預算時，這幾個月分的比例自然要提高。

再比照廣告投放的廣告投資報酬率（Return on AD Spending, ROAS），從目標營收回推廣告預算。廣告投資報酬率的公式是「廣告收入 ÷ 廣告支出 ×100%」，也就是投入每一塊錢的廣告費能帶來多少營收。假設廣告投資報酬率是 600%（參考前幾個月的平均數據，如果沒有的話先參考同業），那就知道想要做到 200 萬元業績時，廣告預算至少要投入 35 萬～ 40 萬元。

第二種，考量每支商品的毛利空間。也就是可用於行銷推廣的成本有多少，再搭配該商品目前的市占率和成長性，來綜合評估該分配多少行銷預算。

此時可參考 BCG 矩陣，以市占率（橫軸）和成長率（縱軸）劃分，將商品分為四種：「問號」、「明星」、「金牛」、「老狗」，而針對這四種不同階段的商品都有不同的預算建議（見圖表 1-5）。

打造快速獲利的
電商生意腦

圖表 1-5　BCG 矩陣將商品分成四種類型

BCG 矩陣

市場的
預期成長率

高

低　　　　　　　　　　　　　　　　　高

? 問號　　★ 明星

🐕 老狗　　🐄 金牛

該公司的相對
市場占有率

低

64

1. 問號商品（潛力商品）：高成長率、低市占率

投入行銷預算的優先順序：次高。市占率低但市場未來潛力高，如果順利發展的話，有機會從問號變成明星商品，反之則可能變成老狗商品，不過這類商品現階段仍須花費大量資金以擴大市占率。針對此類商品，品牌應該先以測試市場的角度分配行銷預算，驗證這市場的成長空間是否夠大，以及值不值得投入更多行銷費用。

2. 明星商品（主力商品）：高成長率、高市占率

投入行銷預算的優先順序：最高。市占率高且市場成長率高，屬於企業未來的成長引擎。這類商品須盡可能投入更多行銷預算以維持市場地位，成功的話，有機會往下成為金牛商品。

3. 金牛商品（熱銷品）：低成長率、高市占率

投入行銷預算的優先順序：中等。通常為撐起企業營運的主要商品，能替企業帶來穩定現金流。通常企業已坐穩該領域龍頭，只須花費基本開銷即可持續賺入大量利潤。在食品業中能看見許多金牛類商品，例如可口可樂在汽水類已取得絕對領先的市占，可以用相對低的行銷預算維持市場龍頭地位。通常會建議把金牛商品獲利的資金，用於投資其他高成長潛力的商品。

4. 老狗商品（過氣商品）：低成長率、低市占率

投入行銷預算的優先順序：最低。市占率低且市場成長潛力低，無法為企業帶來獲利，甚至是帶來損失，未來也難以成長，對這類商品要思考的已經不是如何行銷，而是考慮逐步淘汰該商品。

06 為什麼營業額步入停滯期？

Key to profit 擴大市場、優化產品線或提升品質，以克服營業額停滯的挑戰。

在花了一段時間耕耘品牌後，好不容易找到目標市場、累積足夠多的客戶，營業額逐漸成長，對於要舉辦哪類的行銷活動來促進銷量，也越來越有經驗。然而，過了一段時間，你可能會發現同樣的方法已不如以往有效了，營業額的成長也開始出現疲弱趨勢。為什麼營業額成長會陷入停滯？可以思考一下你是否正面臨以下六種情況。

可能情況 ① 出現類似競品

其中一種可能，是市面上出現功能類似，但價格比你更便宜的商品，把你原本的客戶搶走。事實上，當特定商品在市場上熱

賣後，很多廠商也會開始跟風，競相推出類似產品，還記得曾經爆紅的葡式蛋塔、髒髒包嗎？**面對競爭對手跟風的狀況，如果品牌沒有獲得技術專利，也沒做出品牌的獨特定位、確保差異化，那當競品出現時，營業額便很容易受到影響。**

面對這種狀況，品牌可以善用自己做為市場先行者、擁有較大市場占有率的優勢，透過加強品牌意象，以及加強舊客推薦和回購等機制，保持競爭優勢。

品牌意象是指消費者對品牌的整體感受和印象，強大的品牌意象可以增加品牌的辨識度和好感度，讓消費者在競品眾多的市場裡選擇你。因此，商家必須持續強化和傳播品牌故事，讓消費者了解品牌的價值觀和文化，並確保官網、產品設計、品牌活動等相關視覺元素都保持一致，強化品牌識別度。

舊客推薦則是透過既有顧客來吸引新顧客，常見的做法有提供推薦折扣碼或獎勵機制，鼓勵舊客分享購買經驗、推薦好友購買，好處是可以快速取得新客戶的信任。

同時，商家也可以加強舊客回購，例如：建立會員制度，鼓勵顧客持續購買，或是在適當時間點（如生日、商品快用完的時候等）傳送優惠資訊給顧客，提醒顧客回購。

除了內部調整，商家對外也需要密切關注競爭者的主打商品

和行銷活動。假設你推出一款商品，售價為 1,000 元左右，當市面上相似競品已經將商品價格設定在 600 元，除非你能確定自己的商品價值夠高、在市場也有絕對的龍頭地位，否則就得儘早開始思考調整售價或優化商品等因應策略。

可能情況 ② 顧客需求改變

　　營業額成長陷入停滯，也可能是原本所設定的目標客群已經進入不同的人生階段，導致需求改變。例如：原本是品牌忠誠顧客的新手爸媽，隨著孩子長大，他們的消費需求也從嬰兒用品轉移到其他年齡層的兒童用品。因此，針對不同人生階段的顧客，品牌需要提供多樣化的產品，以滿足其不同的需求。母嬰品牌可以針對不同年齡段的兒童推出相應的商品，從嬰兒用品到幼兒用品，甚至是學童用品，以確保商品能夠符合目標客戶的需求。

　　除了顧客本身的狀態改變，也有可能是整體市場的流行趨勢出現變化，出現了新的替代品。對此，品牌需要密切關注市場趨勢的變化，才能及時調整產品組合和行銷策略。甚至，品牌也可以考慮跨足相關但不同的產品領域，以擴大市占率和降低風險。像是主打人類保健品的品牌，面對競爭激烈的保健品市場，可以考慮拓展到同樣是相關產品但不同市場的寵物保健品，如此一

來，既可以鞏固既有市場，又可以擴展新的業務領域，降低把所有資金和資源押在單一市場的風險。

可能情況③　流量紅利改變

近年來，社群媒體的流量紅利不斷降低，演算法規則也不斷調整，導致品牌投放廣告的成本越來越高。**其實紅利沒有消失，只是不斷轉移到新的平台上**，例如：直播、網紅、團購等。品牌要能持續關注是否有新的消費習慣正在形成，或是有新的曝光管道正在快速成長，並對此提早布局。

除了仰賴外部平台的流量紅利，品牌也應該儘早耕耘自己的私域流量，如 LINE 官方帳號、官網或 Facebook 私人社團，掌握會員基本盤，降低營收受到外部因素干擾的程度。

可能情況④　商品品質尚待優化

有一句名言是這麼說的：「好的廣告會害死爛的商品。」意思是，如果商品或服務本身的品質不佳，那不論搭配的促銷廣告多麼厲害，最終也只會為該商品帶來更多負面評價。因此，如果

商品在促銷活動中大熱賣，但後續回購率不佳，這可能反應出商品本身或出貨品質沒有把關好，導致品牌花了一大筆行銷費吸引顧客上門，卻只能做到一次生意，甚至導致顧客退貨的情況。

對此，品牌要盤點出貨流程是否哪個環節出了問題，包含原料採購、生產製造、品質檢驗、包裝運輸等。另外，也要確認商品品質是否需要改善，可以透過定期的品質檢驗、顧客回饋、客訴等數據，來了解哪部分需要改善。

可能情況 ⑤　未來訂單提早滿足

如果每次辦行銷活動成效都不錯，但營業額成長卻有限，那就要思考很可能是某一場主力商品的活動突然將商品銷量拉高，**讓顧客提前滿足了未來幾個月對此商品的需求，這樣顧客自然而然會有一段時間不會再購買該商品，也勢必影響品牌營業額。**

這時候，如果想打破消費者原本的購買頻率，就要想辦法創造新的購買動機和場景，讓消費者能更頻繁地回來購買商品。

具體要怎麼做？首先是創造新的使用場景，將產品使用場景從單一拓展到多種。例如：一家蛋糕店原本只賣生日蛋糕，也因此，消費者一年頂多只能跟它互動一次，但如果改賣下午茶蛋

糕，消費者平常也能去消費，就能大幅提高購買頻率。再以空氣清淨機為例，商家如果單賣機器，消費者可能要等 5 年後才有機會和同樣的商家再次互動，但如果商家可以開發不同功能的濾網（如去油、抗塵、防塵蟎等），就能讓空氣清淨機被用在更多場景，消費者在日常生活中也會更頻繁地使用空氣清淨機，進而帶動銷售頻率。

又或者是拓展產品線，滿足消費者更多元化的需求。例如：專注於清潔產品的品牌可以推出家庭清潔套裝、廚房專用清潔劑、浴室專用清潔劑等，讓消費者在不同的場景中都能使用你的產品。或者是，原本專注於男裝的品牌可以擴展到配飾、鞋子、運動服等，滿足消費者更多生活需求。

可能情況 ⑥ 行銷活動太單一

當每個品牌都集中在雙 11、618 等電商大節推出促銷活動，隨著年復一年、時間過去，消費者對這些如出一徹的行銷手段很容易感到麻痺，導致促銷帶來的銷售激勵漸漸減弱。對此，品牌還是要回歸到，是否夠了解自己的商品性質、回購週期、消費者購物習慣等，才能據此規劃出更多元且有彈性的行銷活動，針對各點分別擊破，也能避開相對競爭的行銷時程。

第 2 章

用「做生意」的思維，打造會賺錢的網店

07 營運成本的高效管控法

Key to profit 成本控制有技巧，包括供應鏈優化、固定成本管理等。

任何人做生意的終極目標都是要賺錢，不過談到提高利潤的方法，許多人第一時間往往只會想到提高營業額，卻常常忽略了，營運成本是否控制得宜也是一大獲利關鍵。

入門招式：算出能賺錢的「合理」產品定價

對於新進入市場的品牌來說，評估初期營運成本並設定合理的產品定價，是確保業務順利運行的首要任務。

但挑戰在於，營運初期的成本其實不容易精準評估，甚至很容易低估，因此**建議商家在初期抓成本、利潤和產品定價時，多保留一些空間，不宜抓得太剛好**。

不過，**將產品定價訂得過高或過低，都並非好事**，畢竟如果產品在一開始的定價就太低，那麼就沒有了利潤空間，後面不管如何控制其他營運成本、銷售量再好，都非常容易賠錢；然而，也有些商家因為太害怕賠錢，會在一開始把定價訂得過高，結果削弱了市場競爭力。

如何算出合理的產品定價？建議一開始不用想得太複雜，先考量以下五項營運成本即可──

- **產品成本**：包括材料費、製造費和包裝費。
- **金流、物流成本**：伴隨訂單產生的金流手續費、運輸和倉儲費用。
- **平台費用**：使用電商開店平台或上架電商通路的費用。
- **人力成本**：員工薪水和管理費，包含客服、美編等。
- **行銷成本**：廣告和行銷相關費用。

計算完前述的初始營運成本，再加上目標利潤率（可參考產業平均值和市場競爭狀況），就能計算出具有合理利潤的產品定價。

一開始不用因為害怕賠錢而把定價訂得過高，因為後續當商品銷售量提升時，整體成本將能達到規模經濟而隨之降低，帶來更多利潤空間，像是大量生產或採購將讓單位成本降低；營運效

率提升,進而降低每單位營運成本;當品牌知名度變高,廣告投放的效果也會比起沒有知名度時還要更好,降低獲客成本。

進階招式:小心隱藏成本

想進一步控管營運成本的商家,除了檢視前述幾項基本支出,也得小心以下這五項在電商經營裡常被忽略的成本。

退貨成本

商品銷售在到達一定數量後,不免會出現退貨。退貨帶來的相關成本支出,包含退貨處理費、重新包裝成本、退款金流費,以及售後服務等相關人力成本,商家需要仔細控管退貨比例和相關成本。

庫存成本

過多的庫存可能導致商品過期或耗損而無法銷售,進而增加庫存成本,某些商品效期短或是有季節性的商家,需要特別注意這塊。

金流、物流成本

許多店家在計算獲利時，常常只會想到商品進貨成本，而忽略每筆交易的背後其實都會伴隨相對應的金流手續費和物流費。

廣告行銷成本

除了廣告投放成本，還包含伴隨著廣告行銷所產生的素材拍攝、製作、美編等費用。此外，在做行銷活動時，常常會祭出促銷折扣、贈送紅利點數等優惠，雖然這不會讓商家多出額外費用，卻會讓商家少賺錢，因此都需要考量進去。

合規成本

特定商品類別的店家可能需要付出額外的合規成本，例如：食品類商家可能需要先取得特定商品認證，或是保健業者可能會不小心觸犯廣告不實，而需要付出罰鍰。

控管成本必須檢視的四大面向

生產或採購是否有機會規模化

決定商品成本能否降低的主要一環，來自於能否大量生產或採購。 商家須定期檢視商品銷售狀況，以制定出更有成本效率的採購計畫。當生產和採購的成本得以降低，後續商品在市場上的競爭力也會隨之提高。

以日本服飾品牌優衣庫為例，雖然市面上不乏有價格帶差不多的小眾品牌，但優衣庫挾著規模化生產的成本優勢，能兼顧品質與平價，並同樣保有獲利空間。

同樣地，如果你的商品來源需要向其他供應商採購，那就得好好盤點一年的固定銷量是多少，並依此為標準，評估是否有機會將原本分散在不同批次的採購量合併起來，以換得更低的購入成本。這麼做的前提是，商家必須確保大量進貨不會影響當下的現金流，以及這樣的進貨量有辦法在一定的時間內銷售完畢，而不會變成滯銷品，甚至是變成庫存壓力。

倉儲管理是否有優化空間

當出貨量大到一定的程度，就必須將倉儲成本考量進來。

如果是自租倉庫，那要考量的成本除了倉庫租金，還有保全、揀貨、出貨等相關人事費用，整套算起來其實不一定會比市面上的電商倉儲代管服務便宜。對有一定經營規模的商家，建議可考慮採用電商倉儲代管服務，以降低出貨成本。

另一個關鍵是庫存管理，為了避免商品在倉庫放過期而無法銷售，針對這一點，商家可以比照「先進先出」的出貨原則，也就是先進倉的商品必須先出貨，如此就能避免倉庫裡越來越多短效期商品。在這過程中，商家也須定期檢查庫存狀況，優化訂貨或生產策略。

目前，有些電商倉儲服務也已經將庫存管理自動化，能在短效期商品（如食品、保健品）進倉時就先記錄效期時間，並在效期剩下一半的時候自動提醒商家，商家就能針對這類即期品採取相應的行銷策略，在最佳時間內將商品賣出。舉例來說，服飾業針對不同季節、不同流行趨勢都會推出當季款式，如果錯過銷售時機，上一季大賣的商品很可能到下一季就變成庫存成本，因此，很多業者都會在快換季時提前做出清折扣活動。

評估第三方服務是否更符合成本效益

金流成本也跟商品成本一樣，量越大、成本越低。如果是自建電商官網，那只能用自己的銷售額去跟金流商談價格，因為量

小，通常談不到太多優惠。相對來說，如果是透過電商開店平台做品牌生意，那平台就能集結每一間大大小小商家的銷售額，和金流服務業者談到更優惠的價錢，自然也能替商家省下一筆可觀的金流費了。

廣告是否能更精準、接觸點更多元

在前期的廣告素材製作階段，以往都需要靠人工拍攝跟後製美編，不過現在已有許多 AI 生成工具可以使用，能有效降低素材製作的成本。而在後期的廣告投放上，則是需要從頭了解品牌目標受眾、分析顧客消費行為、建立會員回購機制等，讓廣告投放變得更精準，如此一來，就能做到用較少的廣告預算，但觸及到跟以往一樣多的精準客群。同時，品牌也要經營自己的 LINE 官方帳號等私域流量，透過更多管道接觸舊客，降低對廣告投放的依賴和費用。

08 優化訂價策略，獲得最大利潤

Key to profit

透過市場調研、成本分析等方式，找到消費者願意購買的最高定價。

　　如何訂價是一門學問，訂得太高，擔心賣不動；訂得太低，又擔心沒有利潤空間。不只如此，產品的訂價策略還會影響到該產品能否順利打入新市場、能取得多大的市占，甚至影響到品牌長期競爭力。

　　正如股神巴菲特所說：「**評估企業唯一重要的決定性因素，就是訂價能力。**」而一個精準的訂價策略，往往就是品牌突圍的關鍵。不過，在思考訂價時，許多品牌仍停留在跟風競爭對手，或是只會用折扣吸引消費者，這不僅無法建立品牌優勢，更可能陷入惡性價格戰的泥潭。

　　多數品牌都想擺脫削價競爭，希望藉由品牌力獲得更多訂價主控權和獲利空間，說服消費者願意掏出更多錢。但實際上要怎

麼做？在這邊提供幾個在電商領域中常見的訂價策略。

市場決定價格

首先，電商業者要先有一個概念：「**價格永遠是由市場決定，而非企業。**」

在訂價時，可能有不少業者會從「成本」出發，也就是在產品進貨成本之上，再加上其他運營成本，並加上希望有的毛利空間，加總後就得出最終定價。這樣做的好處是，如果定價剛好落在市場接受的價格帶內，那公司就能確保一定的獲利。不過，如果這定價超出市場接受的價格，那在等到市場接受前，公司可能就得關門大吉了。

因此，**在訂價時，公司應優先參考市場競爭對手、類似產品或替代品的價格，**但不是一味地複製別人的定價，而是要從中思考：如果競品的定價為 100 元，而你其實想賣 120 元，那就得想想，自己憑什麼多賣這 20 元？你比競品多提供了哪些附加服務或更好的品質，而消費者是否願意為此買單？透過這樣的思考過程，也許你會找到自己能賣 120 元的原因，或是決定修正自己的定價。

有另一種可能是，業者在研究完市場公定價後，發現遠低於自己的成本，競品都賣 100 元，但你光是成本就要付出 120 元了！這時就要回頭思考，自己的生產成本和進貨成本為什麼比對手高？還有什麼方法可以降低整體成本？又或者是，還可以提供哪些附加價值或提升產品品質，來讓消費者願意掏出更多錢。如果都想不出解方，那你的商品很可能不適合進入這市場。

反之，如果競品定價為 100 元，而你的成本可以壓到 20 元，等於有 80 元都是你的獲利空間，那表示你在進入這市場時比對手具有更多優勢，可以更靈活地調整訂價策略和推出行銷活動。

尋找價格甜蜜點

在知道競品的價格區間後，要怎麼找到自己的價格甜蜜點？

建議品牌可以先訂一個略高於競品的價格，然後再透過短期促銷、買二送一等方式，測試不同價位的銷量，並且找到價格甜蜜點。假設競品定價為 100 元，如果品牌對自己的產品也很有信心，那可以先定價 110 元，如果銷量不理想，可以短期促銷 100 元，看看反應如何，如果促銷期間的利潤更高，那就表示原定價可能過高，需要調整。

通常來說，在品牌夠知名、產品夠獨特的狀況下，定價大約可以抓比競品高5%～10%的幅度，先以此標準開始測試市場。

訂價策略「先抓高、再跑低」，優點是降價對消費者來說是好事一樁，漲價卻很容易招來消費者的不滿。

此外，尋找價格甜蜜點，目的是要找到能夠最大化淨利潤的價格點。定價低，表示願意來消費的客群會越大，但毛利也會變少；反之，定價高，則願意來消費的客群也越小，但毛利會變多。因此，品牌需要嘗試不同的訂價策略，計算出在哪個價位可以獲得最大的淨利潤。

舉例來說，一間面膜品牌原本將產品定價為299元，在這定價下，可達到月銷量1萬盒的成績，扣掉每盒100元的成本，月利潤為199萬元。不過，經過市場調查後，這間面膜品牌決定把售價提高到399元，並強化品牌天然、高品質的形象。在調高定價後，儘管每月銷量下滑到8,000盒，每盒成本也因強化品牌行銷而增加到110元，但月利潤卻從199萬元增加到231萬元，成長約16%。

由此可知，如果只單看定價或銷量，很難判斷是否為正確的訂價策略，如何在兩者間取得平衡才是關鍵。

根據品牌定位選擇策略

另一個對訂價策略有決定性影響的要素，就是品牌定位。這也是品牌主常常要面臨的抉擇：要走差異化路線，還是採取低成本路線？這個決定會直接影響你的訂價策略。

低成本路線，常見於新品牌或小型品牌剛切入市場時，他們會傾向用低於市場主流價格的方式進入市場，來吸引喜歡便宜的消費者上門。低成本路線的優點是，可以幫助品牌快速獲得市占率、提高知名度，但風險在於，很可能讓品牌長期陷入價格戰，或是被消費者貼上「便宜貨」的標籤。因此，如果要選擇低成本策略，建議品牌要確保自己有足夠的成本優勢，有能力透過優化供應鏈、提高運營效率等方式，做到用足夠低的定價維持獲利。同時，也要思考如何在未來逐步提升品牌形象和價格。

差異化路線，指的是產品本身和其他競品有明顯的差異，這時就可以考慮將定價訂得略高於市場均價。好處是能幫助品牌獲得更高的利潤，塑造更高級的產品形象，也有更多的空間可以操作行銷活動。但風險在於，如果差異不夠明顯，可能會流失對價格敏感的消費者。採取這路線的品牌，應該要想辦法向消費者清楚傳達產品優勢，讓他們理解為什麼你的商品值得這個價格。

定價最終要回歸產品本質

當產品在原本的定價上開始賣不動時，很多賣家的第一反應就是先降價。這個方法看似直接好用，卻很可能讓品牌陷入降價的惡性循環，不只將導致利潤萎縮，甚至可能傷害品牌形象。這時，品牌應該思考的不是定價，而是應該聚焦在產品本身。

首先，品牌應該深入了解競爭對手的優勢，是價格？品質？服務？還是行銷手法？以及進行自我評估，客觀分析自家產品的優劣，是否有哪些部分是無法取代的？接著，根據前述分析結果，**想辦法再去強化自身優勢、填補劣勢，不斷改進產品品質，並確保目標客群有充分接收到這些資訊。**

而更好的做法，**應該是當銷售成長還很順利時，就要提前思考如何讓競爭對手更難進入市場。**通常當我們的市占率達到30％時，就應該開始建立這些障礙，以保護我們的市場占比，避免未來遇到成長瓶頸。

換句話說，就是在我們還有主導市場的優勢時，提前布局，讓競爭對手不容易跟上，這樣當市場變得更加激烈時，我們依然能夠保持領先地位。

優化訂價策略是一個持續的過程，需要在「產品價值」、「市場需求」和「獲利目標」三者間取得平衡。對品牌來說，訂

價策略的成功與否，更是用來檢視自家產品是否夠有價值、夠獨特的重要指標，也能幫助品牌對市場動態保有一定敏感度，是品牌得以在激烈的電商市場中，保持長期競爭力的關鍵技能。

09 鎖定會買單的消費者

Key to profit 透過建立具體的人物誌,描繪消費者輪廓。

當確定新一季的主打商品後,接著就是要開始擬定行銷方案。這時,你會先從哪邊著手?先設計好一系列的優惠折扣活動?調查在哪個平台打廣告最有效?開始研究競爭對手的行銷策略?許多品牌常常會直接跳入執行細節,或直接複製別家做過的行銷企劃,卻忽略了最重要的是「先找到對的消費者」,接著才是針對這群人設計行銷活動。

想像一下,你正計畫開設一家新餐廳。一開始,你會先研究當地的飲食習慣和喜好,你可能會發現,有追求出餐速度的上班族、追求精緻料理的美食家、注重健康原型食物的健身愛好者等。在了解市場上有哪些食客類型後,接著你會考量自己的廚藝專長、資源、開店位置等因素,來決定餐廳主要為哪些人服務。最後,根據你選擇的目標客群,你需要設計一個能吸引他們的菜

單、裝潢、服務方式等。

進行這些事，其實就是「STP 策略」，包含三個步驟：**市場區隔（Segmentation）、目標市場選擇（Targeting）和市場定位（Positioning）**。透過這套策略，品牌能精準辨識出目標客群，並把有限的資源集中在這群客人上，同時也能更清楚自己在市場上的定位，打造出品牌的差異化優勢。

再以開餐廳的例子來說，透過研究當地的飲食習慣，你會找到最適合你和當地客群的餐廳風格，並且能專注在吸引特定的客群，好好服務這群顧客，而不用想辦法滿足所有人的口味，同時讓你的餐廳在市場裡更有特色。

那麼對電商人來說，應該如何運用 STP 策略，一步步找到願意買單的消費者呢？

市場區隔：認識並辨識你的客群

「市場區隔」指的是根據消費者的差異，將整個市場細分為不同的子市場，這需要透過不同的變數去將特定客群篩選出來。

最基本的就是人口統計變數，包含年齡、性別、所在地、職業、收入、教育程度等。這類變數的優點是數據具體、客觀且可

量化，資料也相對容易取得，方便用於統計和分析，因此常常是品牌用來細分市場的首選。

在這階段，有充足預算的品牌可以找市調公司做市場調查，包含問卷調查、深度訪談、市場規模估計、競爭者分析等，先對你感興趣的市場有基本了解。如果是已經經營一段時間的品牌，也可以分析會員資料庫的數據，根據過往客戶消費數據、官網瀏覽行為等，將顧客分群。

小本創業者若無預算聘請市調公司，除了分析現有的客戶數據與行為，也可以採取幾個簡單且低成本的方式進行市場區隔，例如：研究競爭者的客戶定位，發現市場機會，或是積極參與社群與市場活動，直接與潛在客戶交流，蒐集第一手資料，另外也可以利用網路問卷等工具，蒐集消費者需求與偏好，進一步制定更精準的市場區隔策略。

接著，建議品牌可以綜合前述的數據和洞察，建立更詳細的「人物誌」（Persona）[*]，**把你對顧客的理解拓展到價值觀和生活風格等面向，建立人物誌，能幫助品牌思考更多細微但重要的市場區分層次，也能建構出更具體的理想客戶輪廓。**

---

[*] 又稱為使用者畫像，是一種在討論商業策略或行銷企劃時描繪目標客群的方法，通常是對消費者進行調查和分析後，根據其年紀、職業、需求、喜好和行為模式等資訊，創建出一個具體的形象角色。

以運動飲品為例，如果只用人口統計變數區分市場，可能只能將市場按照年齡段分成 18～24 歲、25～34 歲、35 歲以上，頂多再按照運動頻率、運動類型、產品偏好等細分。但如果是用人物誌的概念，不只可以將更全面的顧客特徵整合在一起，品牌對消費者的想像也會更具體，並更了解這些客群的需求和偏好。例如：

健身達人

28 歲，男性，都市白領
每週健身 5～6 次，主要做重訓和有氧運動
注重身材管理和長肌肉
經常閱讀健身文章和關注健身相關網紅
偏好低糖高蛋白的運動飲料
通常在健身房或線上購買運動補給品
願意為優質產品支付溢價

瑜伽愛好者

35 歲，女性，自由業
每週做 3～4 次的瑜伽和輕度有氧運動
追求身心平衡，注重整體健康

喜歡天然、有機成分
偏好口感清爽、低熱量的運動飲料
常在瑜伽教室和有機食品店消費
對產品的環保包裝很在意

週末運動者

42 歲，男性，中階管理者
工作繁忙，主要利用週末跑步或騎單車
把運動當作減壓和交朋友的方式
需要快速補充能量和電解質的產品
偏好方便攜帶的包裝，常在便利商店買能量飲
對品牌知名度和口碑敏感

　　要注意的是，在建立人物誌時，除了要考慮這群人的消費需求和行為，更重要的是了解其背後的消費動機、價值觀、人生目標等心理層面特徵；簡單來說，**比起消費者「做」了什麼事，更重要的是要問他們「為什麼」做這件事，才能更理解影響消費決策的背後關鍵因素為何。**

目標市場選擇：結合多種面向進行評估

在將市場細分後，接下來要怎麼選擇對的市場？在「目標市場選擇」階段，需要考慮三件事：

1. 評估目標市場的規模有多大。
2. 分析競爭對手在該市場的表現。
3. 評估自身能力和競爭優勢是否適合該市場。

首先是量化目標市場的規模有多大，以及這個市場後續的成長潛力。同樣以運動飲品為例，品牌必須思考：目前運動飲品市場的規模有多大？投入這麼多資源搶占這個市場，有沒有意義？

要量化目標市場的規模並評估其成長潛力，可以從現狀與趨勢兩方面考慮。首先，**確定市場範圍並蒐集相關數據，如市場總值和競爭者的市場占有率**；接著，**分析市場成長的關鍵驅動因素**，如健康趨勢、技術進步程度、人口結構變化。這樣可以判斷是否有投入資源的意義，以及市場是否具有長期發展潛力。

確認完市場規模後，接下來要評估的是，**以自己的能力可以拿下多少市占**？再搭配前面利用人物誌所推斷出的購買頻率、客單價等，就能大致推估出每年營業額。只要推估出每年營業額的數字，再加上預估拿下目標市占所要投入的資源和獲客成本，接

下來就可以判斷出這個市場是否值得投入。

假設你選定的目標市場已經被競爭對手拿下70％市占率，不過與此同時，你對自己的產品有相當有信心，認為很有機會從競爭對手手中搶下一半市占，那為什麼不試試看？但如果你覺得很難從競爭對手手中搶走顧客，必須要耗費許多資源才有機會拿下10％市占，那這市場真的有值得你投入那麼多資源，去和競爭對手廝殺嗎？又或許，你只有信心拿下1％市占率，但這個市場規模超級大，即便只拿下1％市場，也能為品牌帶來大量營收，又為何不做呢？

不過，在評估一個市場值不值得投入時，答案跟市場規模大小並沒有絕對關係。有一種情況是，目標市場的規模雖然不大，但也因為如此，沒有其他競爭對手，品牌不需要投入太多資源就能拿下許多市占，而如果這個市場也不是品牌營收的主要來源，反而值得加入，獲得成為該市場先行者的機會。

簡而言之，目標市場選擇是一個需要綜合多種面向的動態評估過程，要把市場規模、競爭狀況、潛在收益和品牌自身競爭力都考慮進去。

市場定位：品牌帶給人的形象是什麼？

「市場定位」的目的是 —— **幫助產品或品牌在目標客群心目中，建立獨特且鮮明的形象和價值主張。**

價值主張指的是品牌向消費者承諾的核心利益，強調產品或服務能夠為顧客帶來什麼獨特的價值或解決方案。這不僅是產品功能的描述，更是品牌與消費者之間的情感連結，體現了品牌的核心理念和競爭優勢。譬如一家主打環保的品牌可能會強調產品的可持續性和對環境的友好，這就是它的價值主張。

在這個階段的關鍵字是「知己知彼」。知己，指的是品牌要能清楚知道自家產品的獨特銷售主張，並持續向顧客傳達這點；知彼，指的是品牌要了解競爭對手在市場的動態，以及目標客群的需求為何，才能提供獨特的產品或服務給顧客，和競爭對手擁有差異化的定位。

一般來說，品牌定位大致可從這三個角度切入 ——

- **象徵性定位**：品牌得加強顧客形象、歸屬感、自我與品牌間的連結。
- **功能定位**：產品或服務真的替顧客解決了一大痛點。
- **體驗定位**：專注在顧客與產品、服務或品牌間的情感連結。

只要定位夠清楚，接下來就能根據定位來改善品牌行銷、服務、產品開發等面向。以行銷活動來說，品牌可以針對目標客群的消費行為來優化購物體驗。例如：如果關鍵消費者的購物模式是屬於喜歡邊逛邊買，那在商品專區的主題設計上就要更有趣吸睛，而如果關鍵消費者在購物時有很明確的目標和動機，那在商品頁上應該更明確地列出商品可以帶來哪些效益。

另外，官網購物流程也可以針對關鍵消費者改善。例如：一家保健食品品牌在調查消費者後，發現消費者的回購週期大約為半年，那麼除了在時間快到時主動推播提醒消費者回購，更直接的做法是，在商品訂購頁面加上「訂閱制」服務，簡化消費者持續回購的步驟。

做好定位，也有助於品牌開發新品，找到第二條成長曲線。例如：一間定位「純天然」的寵物洗毛精的品牌，在研究自家客群後，該品牌發現客戶對自己的信任度很高，而且也發現這群人平常不只有幫寵物洗澡的需求，對於用在人身上的洗澡用品也有同樣標準，因此決定跨足人使用的沐浴洗髮品。

STP策略為電商業者提供一個系統性的方法，來找到願意買單的消費者，但STP策略只是眾多工具的其中之一，品牌想要找到對的市場和消費者，關鍵始終在於是否願意深入理解市場動態、把握消費者需求，並持續評估和調整，以適應變化快速的市場。

10 塑造鮮明個人品牌特色

Key to profit 強調品牌塑造的關鍵,包括你的風格、價值觀,以及你想傳遞什麼故事。

在網路海量的資訊當中,如何讓你的網店脫穎而出?如何讓消費者在眾多功能類似的商品中,選擇你的商品?靠的就是品牌。就像是說到汽水,大多數人會先想到可口可樂,說到瑜伽服,會想到 lululemon。但具體來說,一個剛踏入市場的商家要如何塑造品牌,品牌會帶來哪些實質效益?

為什麼要建立品牌?

首先,建立品牌能幫助商家釐清自己的目標客群,吸引有共同價值主張的消費者,並進而建立與競爭對手的差異性,以及培養顧客忠誠度。有了顧客忠誠度,不只可減少顧客在購買前的思

考時間和猶豫的風險，也能自然而然讓顧客對競品抱持一定的不信任態度。

其次，品牌能提高商品價值感，為商品帶來更多毛利空間，讓商家不用總是只能靠低價競爭吸引顧客上門。

最後，**品牌可讓消費者對商品形成情感連結，產生信賴和依賴感**，再加上情感相較其他具體的商品功能，更難被模仿或取代，因此品牌的建立也可延長商品的市場生命週期。

打造品牌優質基因的三大面向

知道品牌包含哪些核心元素，以及品牌可以帶來哪些好處後，接下來要分享如何塑造具有辨識度的品牌。

如果把品牌看作是一個人，「品牌基因」就是決定品牌的價值和個性，也是與其他品牌形成差異化的關鍵要素。

我們可以大致將品牌基因拆解成三大面向：**品牌理念、品牌視覺、品牌行為**。

品牌理念指的是品牌的核心價值、定位，以及其想傳達的願景為何。定義出明確的品牌理念，是讓品牌之間形成差異化的關

鍵。品牌視覺是品牌的門面，從 Logo、官網風格、商品陳列、廣告素材到商品包裝等，都是品牌視覺的一部分。品牌行為指的是品牌與消費者間實際的互動行為，包含宣傳、促銷、服務體驗等。

品牌理念：不偽裝，結合理性與感性

品牌價值可簡單分為理性面和感性面，前者大多與產品特性有關，後者則著重在品牌與消費者之間建立的關係。

在思考理性面的品牌價值時，不要忘了，產品是做生意的核心，因此應該回頭思考：

- 你的產品想凸顯的點是什麼？
- 相較競爭對手，你的產品有哪些獨特賣點？
- 而這個獨特賣點，符合市場哪些客群的需求？
- 可能有哪些客群會買單？

以電器公司戴森（Dyson）為例，其品牌價值在於其主打的無袋吸塵器和超強吸力等創新技術，雖然價格相對高昂，但追求輕鬆高效做家事的客群卻十分買單。或像是雀巢咖啡（Nespresso），主打高品質的咖啡和方便的膠囊設計，目標是吸引注重效率

方便的忙碌上班族。另外，有些保養品牌會主打其原料100％天然、零化學添加物，瞄準的是追求自然成分、不傷肌膚的消費者，也是利用產品特色和市場需求的區隔，展示出理性面的品牌價值。

感性面的品牌價值，則是透過獨特的品牌故事與消費者之間建立情感聯繫。像是有些保健品牌會主打創立團隊的家人也經歷過類似的疾病，因此他們是最了解顧客需求、知道該研發哪種商品的業者。又或者，食品品牌主打與在地小農間的合作關係，能增加消費者的情感共鳴。講述品牌創辦人創業的起心動念、如何白手起家的故事，都是用來傳達品牌感性價值的常見方式。

要注意的是，**理性價值和感性價值並非兩條毫無關聯的平行線，品牌應該想辦法將理性面跟感性面結合，並在中間找出交集，形成專屬你的品牌特色。**

說到戶外服飾品牌巴塔哥尼亞，大家經常會直接聯想到其環保友善的品牌特色，原因是他們從理性面的產品設計到感性面的行銷策略，都貫徹其環保主張。在產品面上，巴塔哥尼亞使用寶特瓶、再生棉等環保原料做成商品，並在門市提供免費的修補服務，希望消費者以修補取代購買。

在感性面上，巴塔哥尼亞每年都固定捐出銷售額的1％給環保組織，甚至在某一年美國最大型的黑色星期五購物節，反其道

而行，刊登「不要買！」（Don't Buy This Jacket）的廣告，目的就是希望傳達「減少浪費」的品牌理念，成功吸引一群同樣注重環境保護的消費者。這些故事和行銷方式，讓巴塔哥尼亞建立起鮮明的品牌特色，也成功和目標客群建立緊密的情感聯繫。

不過，在制定品牌理念時要注意的是，**品牌理念很難「偽裝」，必須從自己專長所在、當初為何切入此市場、商品特色來思考，才有機會引起消費者共鳴**。如果某品牌強調自己重視「永續環保」，但回到商品製造上，卻採用大量不環保的包材、進行動物實驗，那即便品牌理念包裝得再漂亮，也很難讓顧客買單。

品牌視覺：不同風格會造成截然不同的感受

品牌視覺，是將抽象的品牌理念轉化為具體的呈現方式。對電商來說，最重要的品牌視覺就是「官網」，因此在決定品牌官網視覺的元素時，包含配色、字體和素材，都需要取得一致性。

以美國睡眠類的兩大品牌——眼罩品牌 manta 睡眠（manta sleep）與床墊品牌 Casper 為例，兩者雖然賣的都是睡眠類商品，但官網主色調卻截然不同。manta 睡眠以亮眼的橘紅色當作品牌主色調，因為其品牌定位是希望消費者用了他們的眼罩，睡一覺醒來都能感到精神百倍；而 Casper 的品牌主色則是紫色，因為其希望消費者能在入睡過程中非常舒適安穩。

再舉 CYBERBIZ 的台灣在地客戶「女兒保養」為例，女兒保養以保養品代工起家，創立品牌的初衷，是為了給自己女兒使用最好的東西，除了將品牌取名為「女兒」，品牌主色也選擇了紅色，不禁讓人聯想起傳統習俗上，女兒出嫁時會用來請客或做為嫁妝的「女兒紅」，透過顏色加深父母對於女兒的情感羈絆。

不同的品牌色，會帶給消費者完全不同的感受，因此在設計品牌視覺時，不能只看美觀與否，更重要的是這套視覺是否與品牌想傳達的概念、定位、幫消費者解決什麼問題一致。

另一個影響品牌官網視覺的重要因素是字體，從字型、粗細、尺寸等細節（見圖表 2-1），都會影響到消費者的視覺動線，以及是否能在第一時間接收到品牌想傳達的重點。

要注意的是，品牌視覺會從官網、產品包裝、廣告素材等不同地方被消費者感知，因此應注意在不同接觸點的品牌視覺是否維持一致性。

品牌行為：直接影響消費者的觀感

品牌行為也就是商家基於前述的品牌理念，所表現出來的行為，這同樣會在許多接觸點被消費者感知到，包含宣傳、促銷、服務體驗等。

圖表 2-1　不同的字型設計會帶給人不同感受

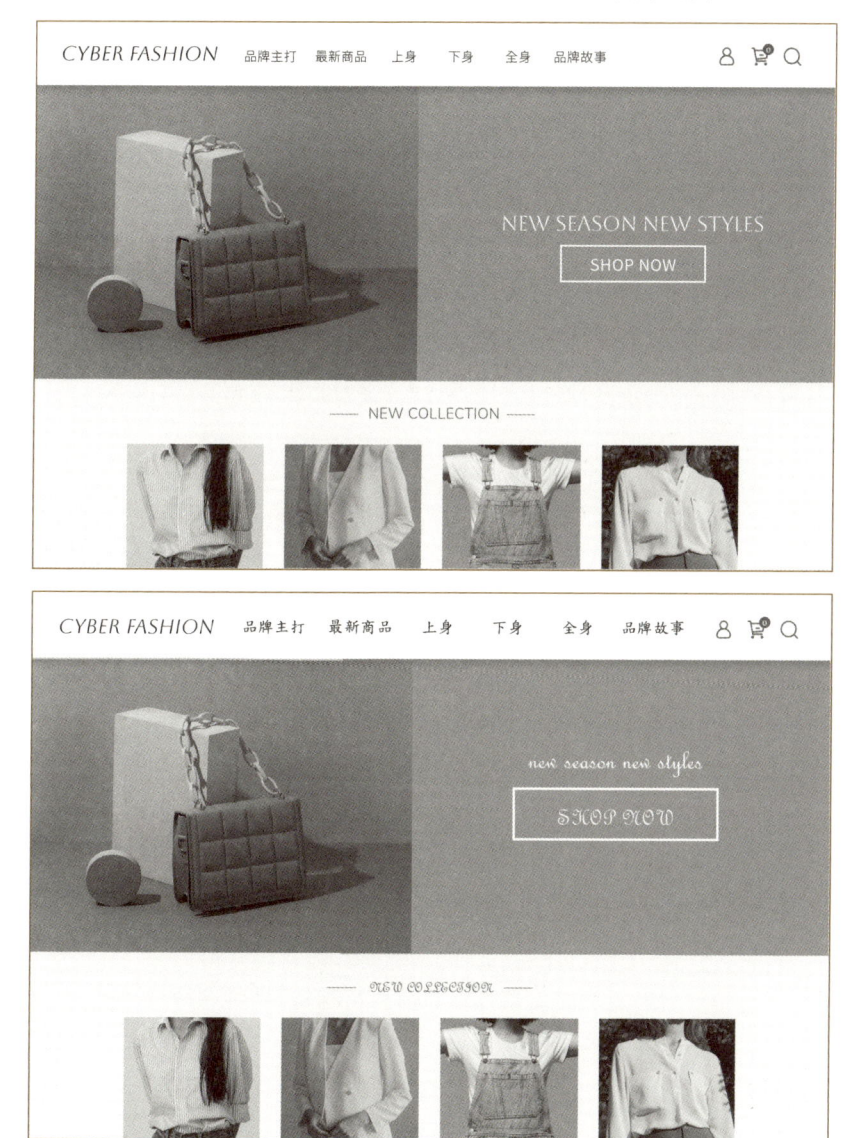

品牌社群媒體的文案和小編口吻，都會影響到這品牌給消費者的觀感是屬於比較年輕活潑、感性細膩或科學理性。或是在找網紅合作行銷時，除了考量網紅的人氣，這名網紅平時傳達出來的價值觀和品牌是否一致，都會影響到消費者對品牌的觀感，因此需要在規劃行銷案時一併考量。

服務體驗也是打造品牌的重要環節，如果在前期的品牌形象都包裝得非常好，最終的購物體驗卻不如預期時，反而有可能造成消費者「期待越高，失望越高」的反效果。如果品牌想強調「安心感」，但出貨流程卻有許多斷點，讓消費者難以掌握商品寄送進度，那也會讓品牌形象扣分。或是品牌強調「以顧客為尊」，但消費者在網店和實體門市購物時的體驗卻天壤之別，當品牌經營在不同地方出現不一致的情況，很容易讓消費者對品牌產生不信任感。

最後要留意的是，打造品牌絕非一蹴可幾，或是猛砸資金即可辦到的事，而是需要將其視為一整套系統性的大工程，長期持續且穩定地投入。雖然需要時間發酵，但只要品牌形象建立起來，伴隨而來的顧客忠誠度和市場差異化，將為網店帶來只靠廣告絕對無法比擬、對手也難以複製的長遠效益。

第 3 章

讓流量高效變現的「行銷力」

11 導入流量的五大行銷工具

Key to profit：了解你的客群、關注社群趨勢、內容穩定更新，是最重要的行銷心法。

在當前數位行銷的環境中，許多品牌主經常需要面臨一個核心問題：**如何持續為網站帶來高流量？**這不僅僅是技術更新或策略上的挑戰，更是整體行銷生態的變化使然。隨著消費者行為的多樣化、市場競爭日益激烈，以及數位廣告平台的演算法推陳出新，導致品牌若想要保持流量穩定成長，其實是比想像中更加困難。根據我們多年的觀察與經驗，這也是許多客戶在諮詢時最常提及的痛點。

流量是電子商務成功的基礎之一，從電商的基本獲利公式「營收＝流量 × 轉換率 × 平均客單價」中，我們可以看出流量是促成後續交易的首要條件。因此，如何不斷創造並維持網站的高流量，便成為每個品牌不可忽視的重要課題。

若將成本分類,可以把電商官網流量來源分為「付費流量」和「免費流量」。付費流量,包含廣告投放和影響力行銷等,可達到短期內獲得大量曝光的效果;免費流量,則包含內容行銷、關鍵字優化、社群經營等,需要投入時間持續經營,才能看見效果,但成本相對低、延續時間長。

每種行銷工具都有自己適用的場景和要注意的地方,以下分別介紹五種最主要的行銷工具。

廣告投放:曝光效率最高

付費廣告投放,也就是品牌透過 Google 關鍵字廣告、Facebook 或 Instagram 等媒體平台,針對特定目標族群投放廣告,是獲得流量最有效率的方法。無論是新品牌想在創立初期建立知名度、宣傳新品上市,或是做一段期間的促銷活動等,都很適合透過付費廣告,在短時間內替品牌或商品獲得大量的曝光。

除了曝光效率高,付費廣告還具備可控性和可量化的優點,例如:可以透過曝光次數、廣告觸及人數、品牌認知度等指標,量化品牌知名度和產品認知度,確認這段時間所進行的廣告是否有帶來效益。這讓品牌主可根據預算和目標客群去設計廣告投放策略,還可以回頭檢視不同廣告帶來的成效如何,或是透過 A/B

測試觀察廣告對哪種族群比較有效，或是哪種素材更容易吸引受眾眼球，並持續調整優化。

除了提高網路上的曝光，在投放廣告的同時如果也能注重「轉換率」，讓廣告直接帶來轉換和銷售，那就能以戰養戰，讓投放的廣告既可以替品牌帶來知名度，又可以有效提升營收。

廣告投放的挑戰是，每隔一段時間，當新平台或新功能出現，流量紅利就可能會轉移到新的平台或新的媒體形式，例如：2020 年，Instagram 推出 Reels 功能後，就可以發現流量從 Instagram 貼文轉到 Reels 上；而 YouTube 亦同，許多流量都轉移到 YouTube 的 Shorts。對此，品牌需要做的是持續關注最新社群趨勢，彈性調整投放策略。

另一個挑戰是，隨著現代人對於隱私的重視提高，現在數位廣告投放精準度已不若以往，導致商家若想讓廣告觸及到跟過去一樣多的目標客群，需要付出更多廣告成本。要解決這問題，商家需要整合更多第三方數據[*]或官網會員數據，精準定義出目標客群樣貌，或是在官網裡埋設 Facebook 像素（Pixel），讓透過 Facebook 廣告進入官網的客戶行為變得可以追蹤，讓你可以在後續針對這群人做「再行銷」，提高廣告命中率。

---

[*] 最常見的就是各類公開資料與大數據，也可向中介的數據供應商購買來自其他企業的數據。

影響力行銷：自帶信任的流量

影響力行銷是指與產業意見領袖或有影響力的網紅合作，邀請他們一起來推廣品牌和產品。由於意見領袖或網紅的粉絲群對他們都有既定的信任度，因此，當廣告內容透過他們的文字或影片傳達給粉絲時，能達到更有說服力、更真實的推廣效果。另一方面，當品牌或產品獲得調性適合的名人或專家背書，也能對品牌形象帶來加分效果。

從商品屬性來看，選擇影響力行銷的店家以美妝類、保養品類等最常見。實務上，比起只找一位超知名的大網紅代言，近年的品牌更傾向一次找多位風格定位和粉絲數都不同的網紅來做曝光，如此一來就能接觸到更多客群。

不過，在進行影響力行銷時有幾點要注意。首先，要小心空有流量、但與粉絲互動率不高的網紅，這表示粉絲對他推薦的東西不一定有信任感；其次，在找合作對象時，要思考該人物的形象與品牌本身是否契合，和產品是否有連結。如果找來不適合的合作對象，即便對方擁有大量粉絲，這些流量最後也很難成功轉換成訂單。

此外，由於每名網紅所產出的開箱文、產品介紹文的內容角度都不盡相同，因此在追蹤成效時，除了看內容品質，也要觀察

其帶動多少產品銷售額、官網會員註冊等具體指標，做為後續選擇合作對象的參考。

搜尋引擎優化：成本低，效果持久

搜尋引擎優化也就是 SEO，指的是提高網站在搜尋引擎中的排名，獲得更多曝光，吸引有購買意圖的潛在消費者進入官網瀏覽。搜尋引擎優化的好處是，只要願意持續投入經營，長遠便能獲得大量自然流量，不只操作成本相對低，成效也會更持久。

要提升搜尋引擎優化，可以從四個面向切入：「內容品質」、「反向連結」、「用戶體驗」和「關鍵字符合度」。

內容品質

指的是網站提供的內容需要滿足用戶的搜尋需求，提供清楚、實用、豐富且有獨特性的內容，增加用戶停留的時間。

反向連結

指的是從其他網站連到你的網站，Google 認為，只要有越

多優質的反向連結，就表示你的網站品質越好，因此更有機會提高搜尋排名。具體做法可以多跟外部網站、媒體或網紅合作建立推薦連結，或是在相關論壇投稿。

用戶體驗

指的是網站在架構設計、載入速度、跨裝置體驗等功能都要夠流暢，快速幫助用戶找到他們需要的內容。

關鍵字符合度

這也是 Google 在排名網站搜尋結果的重要指標，目的是要找出與用戶搜尋目的高度吻合的網站內容。具體做法上，網站的標題、描述、內容等，都要包含用戶會搜尋的目標關鍵字。

在實務操作上，很多商家會以為只能替官網首頁、品牌名或主要產品類別設定關鍵字優化，但只要關鍵字的範圍越大，跟你一起競爭關鍵字排名的對手也越多，要爭取更前面的排名也相對困難。因此，建議商家可以採用「長尾關鍵字」的策略，先從小範圍的關鍵字做起，用「鄉村包圍城市」的概念，針對關鍵商品或部落格的獨立頁面去設定關鍵字優化。

鄉村包圍城市的關鍵字設定是什麼意思？以服飾品牌為例，「外套」是主字，「休閒風外套」是長尾字，也可以發展出「男性休閒風外套」的更長尾字；以乾拌麵商家為例，「乾拌麵」是主字，「椒麻口味乾拌麵」則是長尾字，商家可針對自己想主打的獨家口味去設定關鍵字。**也就是用不同長尾字去堆疊主字，然後逐步強化主字的搜尋引擎優化。**

至於部落格頁面，又要如何設定關鍵字？以調理包商家為例，在設定關鍵字時，不一定只能針對「調理包」，而是可以針對如何用調理包做出更多料理的食譜去設定關鍵字，如此一來，就能吸引到有相關需求的消費者，進而促成交易。

社群經營：創造鐵粉，建立關係

社群經營指的是透過社群媒體平台，如 Facebook、Instagram 等，和潛在目標族群互動，幫助品牌提高曝光度，也讓更多人對品牌有認同感，進而成為粉絲。當透過社群媒體的平台累積不少粉絲後，品牌就能將這些公域流量導流到品牌官網，成為私域流量，進一步傳播更專業或客製化的產品資訊。

在經營社群時，有三大重點要注意。

第一點，也是最重要的一點，**社群經營要創造跟粉絲間的互動、建立關係**，不能只是像官網一樣提供商品資訊。由於社群平台可以讓品牌和顧客更直接地互動，即時收到顧客的需求和回饋，有助於建立更緊密的情感連結。

第二點，**不要只盲目追求粉絲數**，而是要思考目標族群，真正找到一群高互動、高黏著度的粉絲。找到對的粉絲，將更有機會發揮社群經營的強項，讓粉絲主動變成品牌推廣大使，和身邊好友推薦你的品牌。

第三點，**社群經營需要定期更新和長期維護**，並且確定社群上的內容最終都能回頭和品牌有連結，否則即使社群上發表一堆文章或影音，如果難以讓粉絲辨識出這些內容跟品牌之間的連結，那也只是無效流量，沒辦法真正導入你的官網。

內容行銷：塑造專家形象

內容行銷，指的是透過提供對目標族群有價值的內容，吸引目標族群來與品牌互動，最終成為顧客。

做內容行銷的好處是，能幫助品牌在該產品領域建立意見領袖或專家形象，同時帶動顧客對品牌的信任度，如果你的商品是

屬於高度涉入型的商品，例如：要吃進肚子的保健食品、擦在皮膚上的保養品、高單價 3C 商品等，因為價格高、購買風險高，消費者也需要更長的決策時間和蒐集更多資訊，因此，這類的品牌更需要投入內容行銷，提供消費者渴望知道的資訊。

操作內容行銷有哪些該注意的地方？在挑選內容主題時，介紹產品只是最基本的類型，**更關鍵的是要了解你的目標客群，並思考目標客群可能會對哪些議題有興趣，而這些議題如何回頭連動到產品。**

舉例來說，美妝品牌第一階段的內容行銷可能是產品開箱文，第二階段可以進一步提供皮膚保養相關的文章，想再更深入的話，可以分析出目標族群是屬於 28～35 歲的女性，而這個年齡區間的女性不只重視皮膚保養，平常也很關注心靈成長相關議題，可以結合「過得漂亮、活出自信」的品牌主張，提供符合品牌精神的心靈成長相關內容，讓消費者和品牌能透過內容產生更多連結，創造更多認同感。

在過去的實務操作中，我們發現，成功創造高流量的品牌往往具備以下三個特點：

- **靈活應變的策略**
- **精準的目標客群定位**

- **長期穩定的內容更新和優化**

透過結合以上五大行銷工具，就有機會在短期內獲得流量的快速成長，同時為中長期建立穩定的流量來源。美妝品牌在規劃新品上市時，可以透過廣告投放迅速獲得大量曝光，並配合網紅合作，成功將流量轉化為銷售；同時，還可以透過內容行銷建立起專家形象，長期吸引目標客群，最終成為該領域的意見領袖。

這些心法能夠幫助更多品牌在行銷操作的過程中，不斷創造並維持高流量，實現營收的穩步成長。

12 廣告要自己操作，還是請代操？

Key to profit 廣告自操和代操各有優缺，記得挑選最適合你的方法和合作夥伴。

廣告應該由商家自行操作，還是外包給廣告代操公司？資金有限，應該怎麼花在刀口上？在開始說明前，可以先思考一下，以下這些目標對目前你的品牌來說，你會如何安排重要程度：

- 想累積廣告投放技能
- 想靈活調整廣告策略
- 想節省廣告成本
- 想整合更多數據和經驗，優化廣告成效
- 想精簡廣告投放的時間和人力資源

前述五點，前三點正是廣告自主操作的優點，而後兩點則是找廣告代操公司的優點，以下針對每個目標詳細說明。

廣告自主操作的優缺點

優點① 累積廣告投放技能

對於許多初創品牌而言,廣告投放初期可能會遇到不少問題。由於缺乏相關經驗和工具,在操作廣告平台的後台時,可能會感到不熟悉。因此,自行操作廣告投放雖然具有累積技能的優點,但也需要投入一定的學習成本和時間。

廣告投放的能力並非一蹴而就,需要具備一定的專業知識。**品牌在自主操作廣告時,可能需要付出一定的「學費」**,即學習和適應的過程,包括熟悉不同廣告平台的介面和功能,理解數據分析和投放策略,並進行多次的測試和優化。雖然過程可能會較為耗時,但隨著時間的推移,品牌可以在做中學,逐漸掌握投放技巧,累積經驗,並在未來的廣告操作中更加得心應手。

優點② 廣告投放靈活度高

無論是市場產生變化,或是廣告投放成效不如預期時,由品牌自主操作廣告投放的好處是可以立即彈性調整,甚至是先暫停投放廣告。相較之下,廣告代操公司已經收取了費用,在已經規劃好預算範圍、設定好投放策略和時間的情況下,很難立即有太

大的改變。因此，自主操作廣告的即時性和彈性，一定比找外部代操公司來得更高。

優點③ 節省成本

相較找廣告代操公司，自主操作廣告至少可以省下兩種費用。一種是「低消」，也就是每個月或每一季的廣告預算至少要達一定門檻，廣告代操公司才願意接案，這對剛起步的小型品牌來說並不划算，因為可能還不需要投入這麼大筆的預算在廣告上。

另一種是「服務費」，也就是廣告代操公司會在每筆廣告費用裡抽取服務費（通常為至少 15%），這會導致每個月雖然付出相同的廣告費用，但找廣告代操公司的品牌，實際用於廣告投放的金額會比自主投放廣告的對手還來得少。

缺點① 初期缺乏專業知識

廣告投放操作需要具備一定的專業，包含對廣告平台操作頁面的熟悉度、掌握多少第三方數據、藉由分析數據來優化廣告投放策略、投放廣告的相關經驗等，因此品牌在自行操作的初期，成效一定很難比得上專業的廣告代操公司。若想自行操作廣告，

品牌必須先做好準備，勢必要投入一定的學習成本和時間，才能累積相關技能和經驗，讓自己的廣告投放更加精準。

缺點② 須付出更多人力資源

自主投放廣告需要的流程包含：製作前期廣告素材、上架廣告、後續的成效分析監控、調整廣告等，這些都需要人力專門負責處理。對資源有限的新品牌來說，可能不一定有人力能專門投入在廣告操作上，而是得更優先處理商品備貨和出貨、活動檔期規劃等，因此實務上經常會在人力分配遇到困難。

廣告代操的優缺點

優點① 專業度高、經驗豐富

廣告代操公司經手過大大小小的品牌廣告，已經在產業裡累積豐富經驗和數據，例如：某年齡層的女性對哪一種商品特別感興趣、在什麼時間點投放廣告成效最好等，因此可以更快協助品牌規劃出最適合的廣告策略。另外，廣告代操公司也有能力找「外掛」，也就是購買更多市場和消費者的相關數據庫，藉此讓廣告投放更精準，優化成效。

優點② 省時省力

只要一開始跟廣告代操公司講好預算和預計成效（例如：引導會員註冊、讓顧客下單等），那廣告代操公司就會想辦法達成目標，商家不需要投入太多時間和人力資源，可以專注在網店經營、產品深化等公司營運核心事務。

缺點① 無法累積相關技能

當商家把廣告投放事務委外操作，就表示自己無法累積相關經驗。當然，公司如果持續有資金可以將廣告事務外包，那並不會造成太大的問題。不過無論如何，公司內部還是必須有相關領域的專家，負責檢視廣告代操公司執行的成效，並懂得如何跟代操公司溝通、調整，才不會花了冤枉錢。

缺點② 執行成本不會隨時間減少

雖然找廣告代操公司有許多好處，可以節省執行的時間和人力資源，然而，當廣告成效不佳，須請廣告代操公司找出問題和調整做法時，這中間的溝通成本反而會更高，而執行成本並不會隨著時間減少。相較之下，如果是自行操作廣告的商家，隨著時間累積、廣告投放經驗更豐富，廣告投放的執行成本也會隨之

降低。

小品牌該找代操公司嗎？

　　廣告自主操作比較適合剛創立的品牌或小型商家。一來，這類商家可能沒有足夠的預算支付廣告代操公司的服務費用，二來，自主操作廣告也能省下要支付給廣告代理商的服務費，讓預算能百分之百投入在廣告投放中。再說，小型業者因為預算有限，對廣告代操公司來說並不會是重點客戶，很現實的情況是，代操公司能花在小商家上的時間精力也有限，因此，小商家倒不如自己掌控廣告策略，除了累積技能，也能快速針對市場的反應做出調整。

　　反之，如果是有一定廣告預算的大型品牌，就很適合找廣告代操公司，因為其廣告投放的複雜程度較高，可能涉及好幾種廣告平台，甚至要連動不同地區的廣告行銷活動，因此由專業的廣告代操公司來協助會更適合。同時，由於廣告代操公司掌握更多數據，能幫助品牌持續優化廣告投放策略。

挑選代操夥伴的五個評估標準

預算門檻

每一間廣告代操公司都有設定最低收費門檻，如果你的廣告預算低於這間廣告代操公司的低消，那就不需要考慮了。

過往成功案例

能觀察出這間廣告代操公司較擅長操作哪種廣告型態、產業類型、廣告平台等。

創意力

要先有一個可以打動人心、富有創意的廣告，接下來才能善用數據做到精準投放，最後才會是促成交易。好的廣告內容，會帶動更好的廣告成效。

溝通力

在外包廣告投放時，仍會不時遇到需要討論如何優化成效，或是調整投放策略、預算、素材等狀況，挑選好溝通的合作夥伴

能省下後續不少力氣。

創新跟學習能力

廣告工具推陳出新，廣告平台的演算法規則也不斷調整，是否跟上最新廣告趨勢的腳步，會是決定廣告成效好不好的一大關鍵。若想判斷一間廣告代操公司的學習力，可以觀察這家代操公司是否有持續優化廣告投放工具，或是詢問對方對於目前廣告業界最關注的議題了解程度如何。

13 網站數據分析利器：Google 分析

Key to profit 運用 Google 分析，更了解品牌官網背後的數據，了解消費者行為。

「顧客最常在我們的官網瀏覽哪件商品？」「顧客是從哪些管道注意到我們的官網？」「哪些商品介紹頁面的成交轉換率最高？」「有多少顧客在瀏覽商品後完成結帳？」從消費者喜好、網站用戶體驗到行銷活動優化，這些電商每天在煩惱的問題，都可以透過數據分析獲得解答。

而 Google 提供的網站分析工具「Google 分析」（簡稱 GA），對網站來說就是挖掘數據的最佳武器。GA 就像是個數據寶庫，讓店家可以針對顧客在官網的行為及流量去做詳細分析，GA 也是全球最多網站使用的數據分析工具，市占率高達近九成。

從 GA 到 GA4 的三大差異

以往大家熟悉的 GA（又稱通用版 GA）已經是舊世代的產品，取而代之的是新一代的 GA4（Google Analytics 4）。Google 也宣布，從 2023 年起，陸續停止支援通用版 GA。從 GA 到 GA4，究竟有哪些更新呢？

跨裝置數據蒐集

過去，通用版 GA 主要的數據來源為電腦網頁，但現代許多人上網的工具變成了手機、平板等行動裝置，通用版 GA 的數據來源顯然不夠全面，還可能會把使用不同裝置瀏覽的單一用戶視為多名用戶，產生重複計算的問題。

GA4 可以跨裝置蒐集數據，只要是同一名顧客的線上瀏覽行為，無論他是使用手機、平板還是電腦等不同裝置，GA4 都能將這些數據整合在一起，視為單一客戶的行為，因此能更精準地掌握完整的顧客旅程，分析他們的行為。

從追蹤「流量」到追蹤「事件」

數據追蹤邏輯不同，也是通用版 GA 和 GA4 的一大差異。

以通用版 GA 來說，只能記錄到網站的訪客數、頁面瀏覽數、停留時間等與頁面瀏覽相關的數據，至於顧客在網站裡發生的其他行為（又稱「事件」〔Event〕），則需要自己設定。

所謂的「事件」包含了什麼？例如：在 APP 內購買、將產品加入購物車、啟用促銷活動推播通知、收看商品介紹影片、填寫試用申請的表單等，每個行為都能視為一個事件。而在 GA4 裡，已經內建好更多常見的事件追蹤，省下用戶自己手動設定和研究代碼的時間。

整合機器學習預測分析

在通用版 GA 裡，僅能針對過去的數據做分析，而 GA4 整合了機器學習技術，可利用過往數據來預測顧客未來可能的行為，例如哪類產品更有可能引起顧客的興趣等，幫助商家優化顧客體驗和行銷活動。以下是可以透過 GA4 預測的三項指標：

- **購買率**：用戶在未來 7 天內下單購買的機率。
- **流失率**：用戶在未來 7 天內轉為不活躍用戶的機率。
- **收入預估**：用戶在未來 28 天內在網店產生的收入預估。

運用 GA4 數據提升網店業績

GA4 可以幫助品牌了解消費者。藉由分析流量來源，可觀察到消費者透過哪些平台進入網站，是 Google、Facebook、Instagram、網紅的團購或其他地方？知道是哪個平台後，也能進一步分析他們是透過哪種方式進入網站，例如：同樣都是來自 Google，但有些人可能是來自自然搜尋結果，有些人可能是來自關鍵字廣告。另外，也能藉此了解消費者樣貌，包含消費者的性別、居住地區、年齡、使用哪類裝置進入網站等。

掌握消費者樣貌後，品牌就能針對目標客群設計客製化行銷，提高轉換率。

GA4 也能幫助品牌了解消費者在網站上的各種行為，從瀏覽特定商品頁面、點選特定廣告素材、是否註冊會員、把商品加入購物車、把商品加入收藏清單、查看了哪些商品、選擇哪些促銷活動、填寫付款資訊，以及最後是否結帳等，都可透過 GA4 記錄。

不過蒐集數據只是第一步，藉由 GA4 數據分析工具，商家可以檢視哪個頁面表現較佳，或是轉換率在哪個環節遇到瓶頸，接下來才能進一步優化和改善客戶體驗，達到提升網店業績的目標。

舉例來說，如果數據顯示顧客雖然願意填寫付款資訊，最後卻有一半的顧客未能完成購買，那就要思考：是不是付款資訊頁面設計得太複雜？是不是可以增加更方便的支付選項？藉由優化結帳頁面來提升轉換率。

或者，當你知道哪些頁面能吸引更多訪客，未來就能規劃更多相關主題的文章或商品，或是加強相關商品的廣告投放。

再以行銷活動為例，GA4 可查看廣告為行銷活動帶進多少流量，以及該頁面帶動的會員註冊率、商品購買率等，並計算出廣告的實際效益、成本是否回收。

GA4 的安裝和使用步驟

進入 GA 首頁

- 點擊「立即開始使用」進入 GA 帳號創建頁面。

創建帳戶

- 填寫帳戶名稱（通常為網站名稱）。
- 設定帳戶資料共用選項，依需求選擇是否與其他 Google

產品和服務共用資料。

建立資源

- 填寫資源名稱（例如：網站或品牌名稱），選擇時區和貨幣（見圖表 3-1）。

圖表 3-1　建立資源名稱

打造快速獲利的
電商生意腦

選擇產業與規模

- 選擇企業的產業別與商業規模（見圖表 3-2）。

圖表 3-2　說明你的商家規模

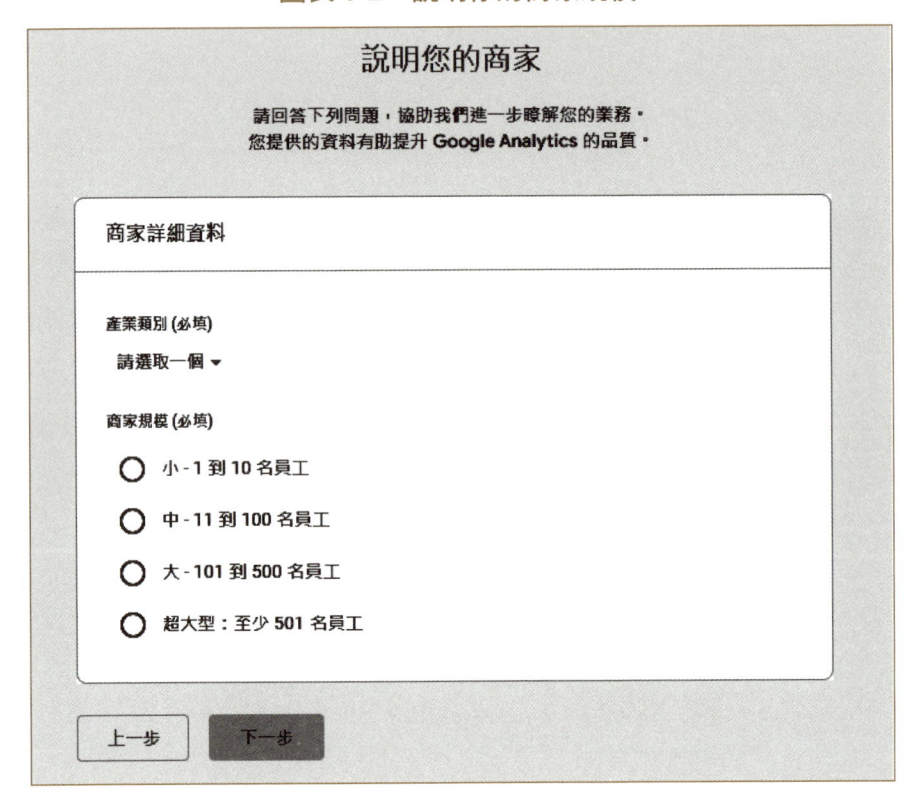

說明您的商家

請回答下列問題，協助我們進一步瞭解您的業務。
您提供的資料有助提升 Google Analytics 的品質。

商家詳細資料

產業類別 (必填)
請選取一個 ▼

商家規模 (必填)
○ 小 - 1 到 10 名員工
○ 中 - 11 到 100 名員工
○ 大 - 101 到 500 名員工
○ 超大型：至少 501 名員工

上一步　下一步

設定業務目標

- 根據你的數位行銷需求，選擇業務目標，可複選（見圖表 3-3）。

圖表 3-3　選擇你的業務目標

選擇業務目標

如要為貴商家特製報表，
請選取您最關心的主題。

- **待開發客戶**
  追蹤將訪客視為潛在顧客的動作

- **提升轉換**
  分析及最佳化網站或應用程式上的提升轉換

- **流量**
  評估造訪您網站/應用程式的使用者及目前所在位置

- **使用者參與度和留存率**
  瞭解使用者如何認識您的產品或服務

- **其他**
  多種報表 (這個選項無法與其他選項合併使用)

[返回]　[建立]

接受合約

- 點擊「我接受」來接受 GA 的使用合約。

設定平台與資料串流

- 設定平台，選擇要啟用的加強型評估項目，然後點擊「建立串流」。

安裝 GA4 代碼

- 透過網站製作工具或內容管理系統（CMS）置入代碼：若使用特定平台（如 Shopify、Wix、Drupal 等），選擇平台並按照教學操作加入 GA 代碼。
- 手動安裝代碼：若非使用前述平台，將 GA 代碼複製並嵌入每個網頁的 <head> 部分，使用 Google Tag Assistant Legacy 檢查代碼是否正確安裝。
- 使用 GTM（Google Tag Manager）安裝：在 GA 的資料串流設定中複製評估 ID，於 GTM 中新建標籤，設定 GA4，選擇觸發條件（如網頁瀏覽），並儲存。將 GTM 代碼分別嵌入每個網頁的 <head> 與 <body> 部分。使用 Google Tag Assistant Legacy 或 GTM 預覽功能，檢查安

裝是否成功。

測試數據蒐集

- 安裝完成後，測試數據蒐集情形，以確認 GA4 有正確蒐集到數據。

GA4 基本報表功能

GA4 的報表功能非常靈活，允許用戶自己定義報表，以滿足不同的分析需求。雖然 GA4 的報表數量較之前版本有所減少，但它仍然提供了幾個預設報表，包括：

即時報表

這個報表顯示網站或應用程式在當下的**數據活動**，允許使用者即時查看正在發生的互動，例如：訪客的所在位置、來源、行為等（見圖表 3-4）。

圖表 3-4　即時報表分析頁面

生命週期報表

獲客（Acquisition）：分析用戶是如何找到網站或應用程式，包括流量來源、媒介、行銷活動等（見圖表 3-5）。

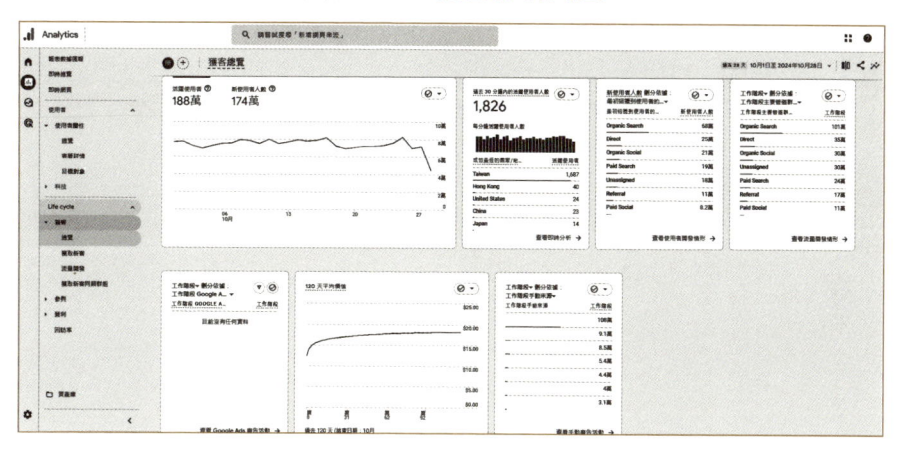

圖表 3-5　獲客分析頁面

參與（Engagement）：觀察使用者與網站或應用程式的互動情況，例如頁面瀏覽、事件、轉換等（見圖表 3-6）。

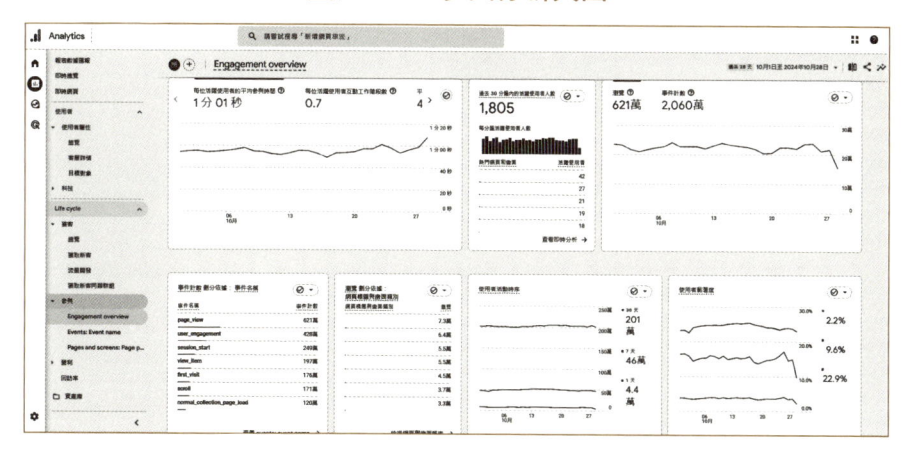

圖表 3-6　參與分析頁面

營利（Monetization）：適用於電商或有交易功能的網站，可以分析收入、交易量、商品績效等（見圖表 3-7）。

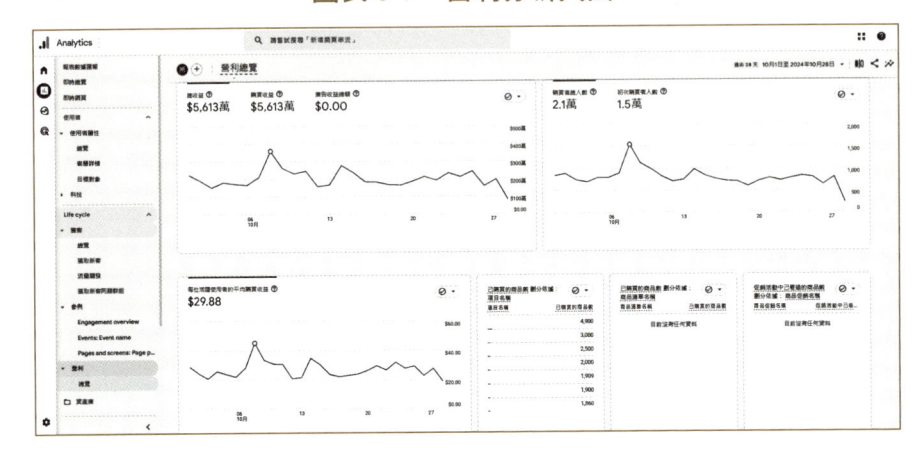

圖表 3-7　營利分析頁面

回訪率（Retention）：追蹤用戶在首次互動後一段期間內的互動情況，分析用戶的忠誠度和回訪率（見圖表 3-8）。

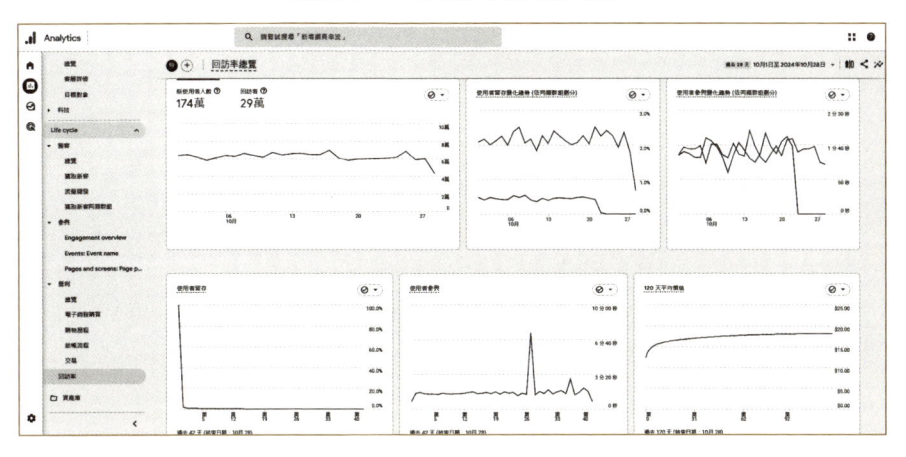

圖表 3-8　回訪率分析頁面

使用者報表

　　提供用戶人口統計（如年齡、性別、興趣等）和技術資訊（如裝置、作業系統、瀏覽器等）的報表，幫助深入了解用戶的特徵和行為（見圖表 3-9）。

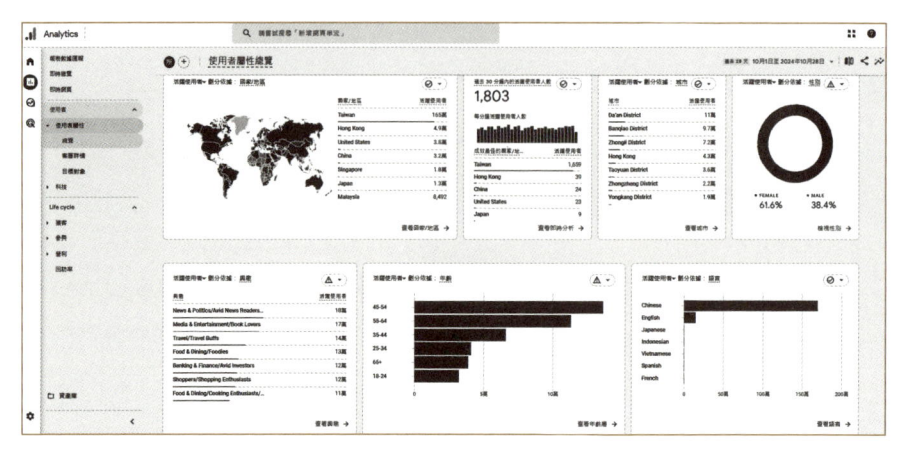

圖表 3-9　使用者報表頁面

探索報表

　　提供高度自定義的報表設計環境，允許使用者使用拖放的方式來建構深入的數據分析，適合進行複雜的交叉分析和詳細的數據挖掘（見圖表 3-10）。

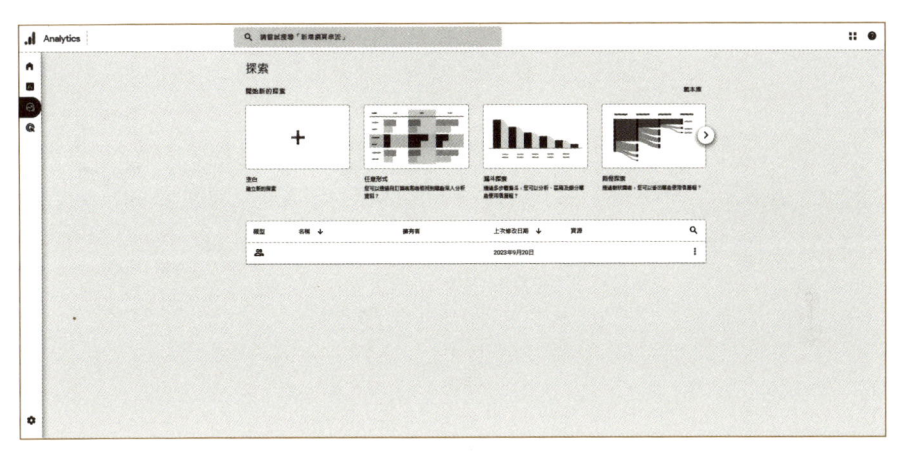

圖表 3-10　探索報表頁面

廣告報表

　　整合廣告活動的數據，分析不同廣告管道和活動的效果，幫助使用者優化廣告策略，提升廣告投資報酬率（見圖表 3-11）。

圖表 3-11　廣告報表頁面

為什麼數據分析這麼重要？

介紹了這麼多如何使用**數據幫助電商運營**的方式，但實務上，仍有不少電商業者認為**數據蒐集和分析**並不是當下最迫切的任務。

然而，**數據分析**是所有成功的品牌都會採用的策略，觀察市面上的電商品牌，那些積極進行數據分析的商家，通常能夠更快識別並解決問題，優化消費者體驗，並因此達到業績成長的目標。而沒有進行數據分析的品牌，則可能會忽略了市場趨勢的變化，無法及時調整策略，最終可能會在競爭中失去優勢。

具體來說，有做數據分析的商家能夠：

- 快速反應市場變化，調整行銷策略。
- 精準鎖定目標客群，提高廣告投放的效果。
- 優化消費者購買流程，提高轉換率和客單價。

而沒有進行數據分析的商家則可能會：

- 錯失潛在機會，無法了解消費者真正的需求。
- 浪費行銷預算在效果不佳的活動上。
- 缺乏具體的指導方向，難以持續提升業績。

因此，隨著市場競爭的加劇，數據分析不再是可選項，而是必備的項目。透過 GA4 這樣的工具，相信只要隨著時間累積，品牌都可以在競爭中脫穎而出，成功永續經營下去。

14 如何避免盲投廣告？

Key to profit 在隱私意識抬頭的風潮下，必須調整行銷策略，運用新的數據蒐集方式和廣告方法。

相信不少人都曾經有過這樣的經驗：剛在搜尋引擎查了一個關鍵字，接下來不管是打開新聞網站、購物網站、社群媒體⋯⋯在你所有瀏覽的網頁裡，都可以看見相關廣告的身影，彷彿不斷想引起你的注意。這就是第三方 Cookie* 的威力，讓數位廣告可以精準瞄準目標客群。

可以把 Cookie 想像成一張存放在網站裡的便條紙，用來記錄每名用戶進入網站的行為，包含曾經填寫的聯絡方式、對哪些商品感興趣、瀏覽過哪些新聞等。未來，用戶不用重新提供這些資料，網站也能認出這名用戶，還能比對他過去分享過的資料、

---

* 第三方 Cookie 主要是用來「跨網站」追蹤用戶行為的方式，使用者進入不同網站、瀏覽不同網頁的紀錄，都能透過第三方 Cookie 彙整到第三方的數據蒐集平台。

行為和嗜好。

過往，數位廣告就是靠著比對這些來自不同網站蒐集到的海量數據，把廣告精準投放給最可能感興趣的族群，因此可以說第三方 Cookie 就是數位廣告的最強武器。

這幾年來，隨著大眾對於個人隱私更加重視，Google 自 2020 年宣布計畫停用第三方 Cookie，雖然停用時間一再推延，到了 2024 年，甚至宣布「取消」棄用第三方 Cookie 的計畫，**但可以預期的是，第三方數據的蒐集將變得越來越困難。**

在不知道用戶樣貌的情況下廣撒數位廣告，就像在「盲投」資金，難以讓廣告投放給對的潛在顧客，這導致為了獲得同樣多筆交易，只能比過去撒更多廣告，進而造成獲客成本變高。這時，如果商品毛利不夠高，很可能賣一單虧一單。

隨著隱私意識抬頭，網站對消費者數位行為的追蹤能力將大幅下降，最後就會直接打擊到數位廣告的成效，這時，商家該如何因應？

蒐集並優化第一方數據

獲取新客的成本變得更高，這是政策下不可逆的現象，但這

並不表示商家應該直接放棄投放數位廣告這條路，畢竟，數位廣告的需求仍存在，只是關於消費者樣貌的線索變少了，因此，我們應該尋求其他方法，來補足因缺乏數據所造成的廣告投放精準度下降的缺口。

少了第三方 Cookie，品牌可以改成透過「第一方數據」來補強，並運用顧客數據平台（Customer Data Platform, CDP），利用蒐集到的數據做再行銷，強化與既有會員的互動、提高客單價等。

第一方數據指的是商家自行蒐集並掌握的數據，包含會員註冊時填寫的姓名、信箱、生日等資料，在官網或門市留下的消費紀錄和行為，社群媒體上的廣告觀看偏好等。只是，過去這些與顧客相關的數據可能散落在官網、顧客關係管理系統、企業資源計畫系統（Enterprise Resource Planning, ERP）[*]、實體店面 POS 機、社群媒體平台，而**顧客數據平台的功能就是將不同平台的數據整合在同一個平台上，方便管理和分析。**

顧客數據平台不只可以補足第三方數據的缺口，還可以幫品牌帶來更多深入且精準的消費洞察。

---

[*] 可以整合並管理企業所有業務流程的系統，通常包含庫存、生產、會計、薪資管理等功能。

例如，在導入顧客數據平台前，頂多只能把客戶分成新客戶跟老客戶，但導入顧客數據平台後，可以根據客戶的購買頻率、平均訂單價值、最近一次購買時間等不同層面的數據，將客戶分成高價值忠誠客戶、有流失風險的客戶、折扣敏感型客戶等，提供相對應的行銷活動。

又比如，在導入顧客數據平台前，只能在官網首頁推播同樣的熱賣商品給所有訪客，但導入顧客數據平台後，系統可根據客戶的瀏覽歷史、購買紀錄等數據，將客戶分類；如果是經常購買運動服的客戶，首頁可優先展示新款運動裝，對於折扣敏感的客戶，則可優先展示特價商品。

除了第一方數據，品牌也能跟擁有顧客消費或行為偏好相關數據的外部平台合作，像是擁有消費習慣數據的電子發票業者、能透過點擊文章類型替消費者分群的媒體平台等。將這些海量數據整合，也有機會達到跟過去相同的廣告投放精準度。

建立傳遞訊息的多元管道

廣告投放的目的，是讓潛在消費者可以注意到品牌的促銷優惠、新品上市等訊息。但反過來想，**想傳達資訊給潛在消費者，廣告只是眾多獲取流量的方式之一，當一條路走不通時，就要找**

找看有沒有別條路。

現在，也越來越多品牌注意到，不能將曝光全部放在廣告的籃子裡，因而開始布局其他能直接和潛在顧客溝通的管道。像是運用註冊會員時蒐集到的電子信箱和電話，或是經營 Facebook 社團、LINE 官方帳號等社群平台，也能直接發布訊息給粉絲。

可能有人認為投放廣告可以開發出更多新客，但可千萬不要小看那些曾經與品牌互動過的舊客。研究指出，開發新顧客的成本，是經營舊客的 5 倍。因此，在廣告成本提高的情況下，不如把更多力氣放在想辦法讓曾和品牌互動過的舊客回購。

另一個重要的方法是投資影響力行銷，透過名人和網紅直接向他們的粉絲發送訊息，可以避開 Cookie 對廣告投放造成的衝擊，再加上網紅的分眾特性，可協助品牌達到精準投放到特定族群的目的，是替品牌持續帶來曝光的替代方法。

第 4 章

打造口耳相傳的「社群力」

15 營造社群私域流量池

Key to profit　搭上社群電商的潮流，將公域流量轉換成私域流量。

　　如果有個方法，可以讓你觸及目標客群時不用支付廣告費、訊息投放的精準度也更高，在任意時間、任意頻率、直接觸達用戶的管道，你會不會很心動呢？這就是現在各大品牌都很關注的「私域流量」。

　　私域流量，指的是品牌能自行掌握、與客戶直接互動，且不須支付廣告費的流量，包含在 Facebook 粉絲團發布貼文、在 Instagram 專頁發布限時動態、在 LINE 官方帳號推播優惠資訊和直播等。相對來說，公域流量則是指無法被品牌掌握的流量，例如品牌在 Google、社群媒體等平台必須購買廣告版面才能獲得流量。

公域流量紅利的時代已過去

首先，公域流量紅利的時代已經過去，廣告成本越來越貴。

在過去，電商經營的唯一真理就是「流量為王」。意思是，只要品牌商家肯在搜尋平台或社群媒體上砸錢投廣告、獲得流量，就能換取不錯的營收。然而，隨著第三方 Cookie 數據蒐集變得困難、廣告競價越來越激烈的情況下，品牌商家開始發現，即便廣告費越砸越多，換來的成效卻不如以往；再加上，商家也開始意識到，這些好不容易燒錢換來的流量，最後也只是曇花一現，比較難為品牌累積長期價值。

當流量成本越來越貴，用戶注意力越來越分散，廣告費的獲客效益日漸減弱⋯⋯品牌開始意識到必須另闢蹊徑。

如果把流量比喻成「水」，那麼過去的公域流量就像水龍頭一樣，品牌主只要轉開水龍頭，水就會源源不絕流出來，也就是說，品牌主只要肯撒廣告，外部流量很容易就能導流到自家。但現在，水龍頭能流出的水量變少了，品牌也意識到比起想辦法從外部找更多流量，倒不如把重點放在已經蒐集到的珍貴水滴，也就是想辦法好好經營和品牌互動過的顧客，讓每名顧客發揮其最大價值。

第二點是，用戶的購物習慣改變，從「搜尋式購物」轉為

「發現式購物」。

過去，消費者的線上購物習慣是先有需求，才會去購物平台上搜尋該商品，也可能接收到品牌投放的廣告，在確認商品符合自己的需求後，最終決定下單。像這樣搜尋式的購物模式，消費者與品牌的互動是單向的。

在社群平台崛起後，消費者可以根據不同的興趣、喜好、屬性而形成一個個社群，在社群裡，消費者會彼此分享資訊、推薦商品，而消費者會在這些資訊裡「發現」需求。 像這樣發現式的購物模式，消費者與品牌的互動是雙向循環的。

打造自己的社群，讓品牌可以主動帶起討論風氣，創造更多和消費者的互動，進而帶動潛在購物需求。目標是讓曾與品牌互動過的顧客，願意持續接收品牌發布的產品資訊、自發性進入官網購物、主動詢問新品上市時間，甚至樂於向親朋好友介紹你的品牌。

經營私域流量的三大優點

經營私域流量最主要的優點，就是流量成本比投放廣告還要低。想想看，品牌在自己經營的社團裡，不管發布多少則貼文，

都不需要額外付費。

第二,由於社群是以分享為導向,成員彼此信任度高。因此,透過社群私域傳播的資訊,比起傳統廣告更容易被消費者接受,所以**觸及**的客群會更精準,**轉換率**也更高。

第三,經營私域等於把與顧客接觸的管道和互動數據都掌握在自己手上,因此,品牌更能從中挖掘顧客需求,長期經營顧客關係、累積更多忠實顧客,進而提升顧客終身價值。

經營私域流量的四步驟

步驟① 有效掌握公域導流

想像一下,私域就像是一個容器,而經營私域流量的第一步,就是先想辦法把這個容器裝滿。

要做到這件事,公域和私域流量的經營策略需要緊密結合,先在公域吸引客戶,再到私域培養忠實粉絲。

在公域中,要怎麼樣才能吸引到大眾注意?幾個常見做法包含:聚焦爆紅產品,也就是推廣最受大眾歡迎的產品,做為吸引客戶的主要賣點;強化特色,也就是強調品牌或產品的獨特之

處;廣泛觸及,也就是利用各種公開平台,如透過搜尋引擎廣告和社群媒體廣告等平台擴大曝光。

接著是將公域流量轉化為私域資產。品牌可以設計有吸引力和誘因的會員制度、優惠活動或獨家優惠,吸引消費者成為官網會員、加入 Facebook 社團或 LINE 官方帳號等私域管道。

步驟② 創造私域溝通腳本

進入私域後,溝通重點就轉向讓粉絲產生認同感和共鳴。品牌需要持續為粉絲提供價值,分享對目標受眾有幫助的資訊、定期與社群成員互動,培養歸屬感,最後在提供內容時,適時適量帶入品牌和商品資訊。

在這階段,**品牌在設計溝通重點時,不能跟過去一樣簡單粗暴地只想著要賣產品,而是要想,對這群私域成員來說,什麼是有價值的資訊?什麼才能讓他們產生認同感和共鳴?**

舉例來說,保健食品業者如果在粉絲團裡不斷宣傳自家產品的效果和促銷資訊,那這個粉絲團的流量一定很快就會流失了。更好的做法是,找營養師分享消費者會感興趣的健康資訊,或者透過 LINE 官方帳號推播養生相關資訊,例如怎麼吃得健康、有哪些復健操適合上班族做等。當這些內容對消費者有幫助時,品

牌才能適時地帶入品牌和商品資訊。此外，也可以邀請消費者多在私域裡分享經驗，創造歸屬感。

只要會員願意持續回到社群，會員和品牌的互動將不再僅限於「買與不買」，反而能更頻繁，有助於累積對品牌的認同感和信任感，那他們未來也更有機會消費、在社群分享相關經驗，促進品牌和顧客間的正向循環。

要注意的是，經營私域流量的重點之一在於要「定期」與社群互動，畢竟，要養成消費者對社群的歸屬感和認同感，需要時間累積，如果只是久久才發一次內容，那能創造的互動跟社群參與也很有限。

步驟③ 選擇呈現管道和方式

現在可以經營私域流量的管道非常多，包含以圖文為主的 Facebook 社團、LINE 官方帳號、電子郵件行銷（EDM），或是以影像為主的直播。品牌要思考，哪一種形式更符合品牌形象和商品屬性，以及是否為目標族群經常出沒的管道。

不同行業適合經營的私域流量管道不盡相同，舉例來說，在美妝保養產業中，Instagram Reels 是品牌推廣的重要管道，這類短片能夠充分展示美妝產品的使用效果和教學內容，透過視覺效

果吸引消費者的注意。視覺上的吸引力加上即時互動，能大幅提升品牌的曝光率和產品認知度。另外，直播工具如 YouTube 和 Instagram，也是美妝保養產業常用的管道。透過與 KOL 合作，品牌可以即時展示產品效果，與消費者建立更深層的信任感，進而提升購買轉換率。

在食品產業中，則可以選擇深耕 LINE 官方帳號和 Facebook 社團。品牌可以透過這些平台，定期分享健康飲食資訊、食譜及促銷活動，建立與消費者的長期互動關係。電子郵件行銷也是食品品牌常用的方式，品牌可以定期發送新品資訊和專屬優惠，保持與消費者的聯繫，並提高回購率和客戶忠誠度。除此之外，短影音平台如 YouTube 和 Instagram，則適合用來展示食品的製作過程、食用方法及美食評價，吸引消費者的視覺和味覺，進一步增加品牌的吸引力。

步驟④ 整合全域數據

經營私域流量的一大好處在於數據都掌握在品牌手上，因此更要想辦法好好善用數據。將官網後台、Facebook 和 LINE 等各個私域的會員數據整合，進一步分析會員偏好後，能做為後續私域流量經營的議題發想參考。

整合全域數據是經營私域流量的重要環節，具體做法包括選

擇適當的工具、進行資料淨化（Data Cleaning）*與分類，並將其應用於後續的行銷策略。**品牌可以利用顧客關係管理系統或顧客數據平台，整合來自官網、Facebook、LINE 等不同管道的會員數據。整合數據後，進行資料淨化和標籤化，將顧客按照行為、購買歷史、互動頻率等分類，形成完整的顧客人物誌。**

在此基礎上，品牌可以透過數據分析來進行行為預測和個性化推薦，例如：根據顧客過去的購買行為，品牌可以預測他們在特定時間內可能的需求，並提前推送相關資訊，如換季時的保養品推薦。同時，根據顧客的偏好和購買歷史，設計個性化的產品推薦和促銷活動，這不僅能提升顧客的滿意度，還能增加交叉銷售的機會。

此外，數據分析結果還能幫助品牌持續優化私域流量經營策略。品牌可以根據私域內數據的回饋，不斷調整內容的發布頻率和形式，進而提高整體營運效果。若發現某段時間內某類型內容的互動率較高，品牌可以增加該類型內容的比重，進一步吸引顧客的注意力。透過這種從數據驅動的方式，品牌能夠在私域經營中不斷進步，達成顧客忠誠度提升和營收成長的目標。

---

* 又稱數據清洗，進行數據分析工作前的一個重要步驟，指去辨識和修正資料中不完整、不正確或不相關的部分。

16 用短影音引流,直播變現

Key to profit 當紅的短影音和直播各有優缺,也不是任何商品都適合,必須善用各自優勢並使出組合拳。

直播和短影音在近兩年站上流量風口,也是品牌主在打廣告、做行銷時不可忽略的工具。不過在實務上,品牌主該怎麼跟上這波浪潮,吃下流量紅利?短影音和直播各自有哪些特色,以及品牌該如何結合短影音和直播各自的優勢,發揮 1 加 1 大於 2 的導流和帶貨效果?

短影音:最快吸引眼球的鉤子

各大短影音平台可以支援的影音時長不同,如 Instagram Reels 最長可上傳 90 秒的影片,YouTube Shorts 最長可上傳 60 秒的影片,但一般認為,如果想要擁有更好的效果,短影音時長

最好不要多於 60 秒。

相較於同樣都是影音性質的直播來說，短影音的優點是只要有一支手機就可以錄製，再加上，許多短影音平台內建的剪輯工具也越來越完整，技術門檻相對於直播更低。此外，短影音因為形式輕快、社群平台的演算法加成等原因，比起直播，更容易在社群上擴散和分享。

通常，**短影音會被品牌拿來當作廣告的「鉤子」（Hook），也就是像釣魚的誘餌一樣，能在最短時間內吸引到消費者眼球**，內容很適合做產品重點介紹、促銷活動宣傳等，引導消費者到官網瀏覽更多資訊。

然而，短影音因為影片長度短，可以傳達的資訊量相對有限，較難提供完整且深入的商品資訊，也比較容易被模仿，更難做出差異化。同時，儘管短影音享有流量紅利，能在短時間內獲得更多關注，但影片的影響力和持久性也相對低。

短影音成功小訣竅

留下觀眾的黃金 3 秒

短影音的開頭「3～5 秒」是決定觀眾是否繼續看下去的關鍵，如果第一眼無法激起觀眾興趣，會立刻被跳過。因此，短影音必須在一開始就開門見山、不用鋪陳，搭配明顯的標題直接拋出影片主題，也可以透過製造懸疑感、提出顛覆常識的問題等方式，引發觀眾好奇。另一個在第一時間吸引眼球的方式，是想辦法跟當下最流行的話題和熱門時事做連結，把觀眾的注意力從外部巧妙轉移到品牌上。

導流靠熱門標籤

在短影音平台上，熱門標籤（Hashtag）、音樂標籤和打卡地點，都是重要的流量入口，讓觀眾可以從外部連結注意到品牌的短影音，因此，品牌若想要吃到短影音的流量紅利，不妨多多加入當下短影音平台上的熱門標籤。

直播：讓觀眾身歷其境

直播最大的優點是即時性和互動性強，用戶可直接參與直播，與品牌做互動，藉由情感驅動購物需求。同時，由於直播能向消費者傳達更多資訊、做更深度的溝通，不只能展示實體商品，讓消費者有「身歷其境」之感，也能完整呈現更豐富、更立體的商品細節，藉此建立品牌信任感與專業度。因此，如果品牌想向消費者傳達更完整的商品介紹、產品試用、新品發布，或是涉入程度較高的商品（如保健食品、保養品、3C 商品），就很適合採用直播的方式。

然而，直播的挑戰在於需要的技術含量相對高。在直播剛起步時，業者只要拿著一支手機就能開播，但隨著直播市場越來越競爭，所需的技術門檻也越來越高，包含直播技術、設備、腳本、場控，以及與觀眾的互動設計等。

可能有些商家看到成功的電商直播帶貨，會思考：「我現在是不是也要加入，開始做直播？」

首先，並不是所有品牌都適合進行直播，但若品牌具備某些特定條件，直播的效果將更為顯著。**粉絲基礎是決定直播成功的關鍵因素之一，品牌需要擁有一定的粉絲數量和活躍的社群，才能在直播時吸引足夠的觀眾參與。**

另外，也要考慮商品特性是否適合直播，對於視覺吸引力較強的商品，例如時尚、化妝品和家居產品，直播可以讓消費者直接看到產品效果和使用方式，進而激發購買欲望，而對於需要詳細說明的複雜產品，直播則能幫助品牌更好地解釋和展示其特性，讓消費者充分了解產品。

品牌定位同樣是考慮是否適合直播的重要因素，若品牌的主要受眾是年輕人，直播這種互動性強的形式就非常契合他們的消費習慣。此外，如果品牌希望與用戶建立更緊密的情感連結和互動，直播也是一個有效的工具。

市場競爭情況也會影響品牌是否應該投入直播，如果競爭對手已經透過直播吸引了大量顧客，品牌可能需要跟進，以保持在市場中的競爭力。最後，品牌的內部資源是否充足也是一個必須考量的因素，高品質的直播需要技術支持，包括設備、人員和平台操作能力，此外還需要創意團隊策劃吸引人的直播內容。

直播成功小訣竅

適當安排商品的出場順序

要吸引觀眾進入直播間、留下觀看，並在最後下單，那就需

要設計什麼時間點該出現哪種類型的商品。例如：直播剛開始，首要任務是吸引人流進來，建議可先介紹低利潤但曝光知名度高的商品，甚至搭配限時限量優惠，營造熱賣氛圍；這類商品比例不宜太多，建議維持在 10％ 內。等到直播人氣到達高峰後，接著再曝光暢銷商品，維持銷量和人氣熱度，比例建議約為 40％。最後再曝光毛利相對高、有特色和亮點的獨家商品，提高整體利潤，這類商品應在直播中占比最高，理想比例約 50％。懂得安排商品的出場順序，可以看作是一種場控術，是獲利的關鍵。

不怕詞窮的直播話術

直播過程中最怕詞窮，不過只要預先設計好要說的台詞，就不怕出現令人尷尬的空白。其中，對電商品牌來說，在直播中最重要的就是商品介紹，講得越詳細、越具體越好，並且搭配實際的試用、試穿、試吃。以服飾類商品為例，可介紹的面向包含：風格、材質、觸感、適合身形、穿搭技巧等。

介紹完商品，接下來就要一步步引導觀眾下單。如果想消除電商售後服務的疑慮，可以特別強調「7 天內無條件退換貨」，如果想加速觀眾下單，可以特別加入限時搶購的橋段，或是在直播中持續更新商品剩餘數量，強調「賣光就沒有了」。

綜上所述,短影音和直播各自有其優勢和劣勢。簡單來說,短影音的時長短、能在短時間內吸引關注,更適合「引流」;而直播的互動性和社交性更強,能引起消費者的購物需求,也擁有更多「變現」手段。

因此,品牌要做的,就是想辦法結合這兩大工具,使出一套組合拳。透過短影音,替直播節目預熱並引流,接著再透過直播好好展示商品特色並與消費者互動,讓消費者更了解產品,最後,也可以回頭將直播精彩片段剪成短影音,延續直播效應,讓流量和獲利形成正循環。

17 預約未來業績的訂閱制

Key to profit 依照商品的特性,制定出適宜的訂閱制模式,讓一次訂單為你帶來長期的收益。

「為了持續吸引新顧客,品牌業者必須不斷燒錢,投放廣告行銷,但好不容易吸引上門的顧客,卻又很容易流失,跑到競爭對手那邊,再加上因為無法預估未來的銷量,很難掌握好庫存進貨量⋯⋯」

這段敘述所提到的行銷廣告費太高、客戶流失、庫存管理不易這三大點,幾乎是所有電商業者都曾面臨的痛點。不過,有一種方式可以讓業者一勞永逸地解決這些問題 ── 推出訂閱制。

訂閱制指的是讓顧客只需要下單一次,就能定期收到商品或服務,可以為顧客省下重複訂購和付款的時間成本,是一種更方便、更優惠,同時也能獲得客製體驗的消費方式,帶來更好的消費體驗、建立會員關係,進而提高顧客留存率。訂閱制不僅有利

於消費者,更能幫助品牌解決開頭提到的痛點。

訂閱制三大優點

預約業績

一般電商生意的當月業績,會受到當月所投入的行銷廣告費、競品和市場動態等而有巨大波動。相對來說,訂閱制最大的好處就是可以鎖定長期穩定的營收來源,藉由掌握訂閱者數量,能更精準預估每月的現金流和庫存,並根據財務預測,決定要投入多少花費在未來商品開發、廣告行銷投入等營運決策。

降低顧客獲取成本

在行銷領域中有一項「1：5」定律,也就是說,**獲得一名新客的成本是留住舊客的 5 倍**。而透過訂閱制,只要產品和服務持續讓顧客滿意,品牌持續關注這些訂閱戶,那麼顧客往往願意持續訂購。這不只能替品牌省下高額的新客獲取成本,也不用再為了獲取新客而頻繁祭出促銷活動,可讓獲利結構更穩定。

建立忠誠客群

訂閱制有助於品牌長期經營會員。一來，品牌可透過大量累積的訂戶數據，了解顧客消費喜好，並依此打造獨特體驗和服務，提高顧客黏著度。此外，這些長期與品牌互動的訂戶和會員，跟一般過路的消費者不同，擁有更高忠誠度。根據統計，忠誠顧客的消費金額比新客戶還要高約 70％，能為品牌帶來更多業績。

訂閱制設計三步驟

什麼商品適合訂閱制？

電商訂閱模式可分成三大類：補貨、策展和會員，品牌可依據自己的商品屬性選擇適合的模式。

補貨模式指的是定期向顧客提供商品，並提供一定的折扣優惠。如果這項商品回購性高、屬於定期消耗的商品、顧客會有持續性需求，那就屬於此類。常用 CYBERBIZ「定期訂購」服務的客戶就包含保健食品、美妝保養品、生活日用品、寵物用品等產業。

舉例來說，由於對於有需求的消費者而言，飲用鮮乳的頻率很規律，每週配送的方式對消費者來說相當方便。乳品品牌「鮮乳坊」就透過 CYBERBIZ 的「定期定額」功能，在官網推出「訂閱週週配」，消費者可以在下單時選定出貨週期，往後系統會自動按照該週期成立訂單，「下單、出貨、收貨」一氣呵成，消費者就不用擔心忘記買鮮乳或是臨時沒有鮮乳可喝的情況，並且透過定期定額功能，省去每次下單的麻煩。

策展模式指的是每次都會改變顧客收到的商品組合，讓顧客獲得個人化的購物體驗，常見的策展模式商品包含服飾、美妝等。策展模式的經典案例是美國的服飾訂閱服務 Stitch Fix，該平台根據顧客的個人風格、尺寸和偏好，定期提供精選的服裝組合。顧客在收到商品後，可以選擇購買喜歡的服飾並退回不需要的商品，不但提供了個人化的購物體驗，也讓每次購物都充滿驚喜。

會員模式指的是僅將特定商品和服務提供給已訂閱的會員，藉由提供獨家的商品組合來吸引顧客。只要品牌能找到對顧客有吸引力的獨家商品，就能採取這類模式。

最經典案例就是 Costco 會員，只有繳納年費成為會員的顧客才能進入 Costco 購物，享受高品質且價格實惠的商品組合。Costco 還提供會員專屬的優惠折扣和商品，這些獨家權益吸引

了大量消費者持續訂閱會員資格,並提升品牌忠誠度。

設計訂購週期

商品訂購週期的設計,會跟商品性質和使用週期有關。

例如:牛奶的效期短、顧客通常每週補貨一次,那就可以設定為週訂閱;而保健食品這類的消耗性產品,效期相對長,可設定每月訂閱。至於其他非經常消耗性商品,則可考慮以每季或每半年為訂閱週期。

設計訂閱誘因

價格誘因是吸引消費者訂閱的主要手段。品牌可以在一開始訂購的時候,就釋出低於定價的訂購價、免運等優惠以吸引顧客,並根據訂閱週期的長短提供不同力度的折扣力度。當然,訂購週期越長,訂戶可以拿到的折扣和優惠應該越多。

以營養品品牌亞培為例,其在訂戶首次訂閱時,會先提供贈禮,而當訂戶的訂閱週期累積到第 4 期以上,會再加碼贈品或購物金,且獎勵隨著訂閱週期增加而提高。

像這樣的階梯式獎勵,能吸引顧客願意拉長訂購週期,成為

忠實會員。至於獎勵的設計，除了前述提到的贈品、購物金，也可以提供更多有品牌特色的會員專屬課程或體驗。

另外，在設計訂閱商品時，可以根據不同的消費者需求，例如單身、小家庭、多人家庭等客群，提供不同的商品組合，讓訂閱制能更彈性。前提是品牌要夠了解目標客群的需求和消費習慣，才能吸引顧客訂閱。

不過，要想吸引顧客長期回購訂閱，**設計吸引人的制度和誘因固然重要，但重點還是要回歸產品和會員經營這兩大基本功。**

畢竟，唯有產品能滿足顧客需求，顧客才願意留下。而要了解顧客需求，得仰賴持續經營會員關係，蒐集顧客消費行為和回饋，並依此不斷優化訂閱制的設計，才有機會提高顧客黏著度，這套訂閱制也才有機會永續發展。

第 5 章

會員不斷上門的
「回購力」

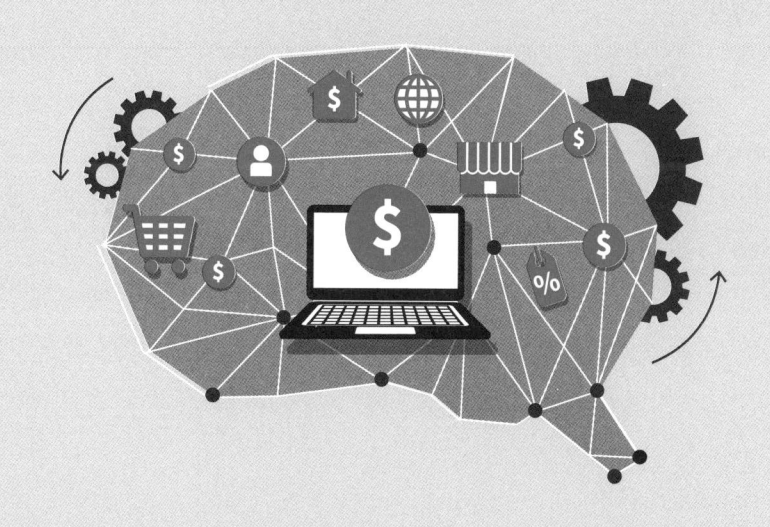

18 如何養大會員池？

Key to profit 吸引新會員加入，並維持舊有會員的活躍性，以擴大會員池。

會員經營，對於想要永續經營的電商業者而言，可以說是最重要的課題。

想像一下，如果一間品牌的會員數只有 100 人，那營運可能會相當辛苦，因為這 100 人帶來的營收有限，且為了吸引新顧客光顧，可能得拚命燒錢投廣告，也因為只有這 100 人的會員數據，沒有足夠數據可以分析出準確的顧客喜好。

相反地，如果會員數累積到 10 萬人，那就是完全不一樣的故事了。這 10 萬名會員，表示穩定的現金流，且只要透過電子報、社群帳號等，就能發送會員活動，不用花太多錢打廣告；再加上，這 10 萬份會員數據也能利用來分析出目標客群的消費模式，藉此開發新產品線、優化營運策略。

養大會員池，是一間品牌能持續成長的關鍵，具體做法大致可分為「吸引新會員」跟「留住舊會員」。

吸引新會員：降低註冊門檻，增加誘因

要想吸引新會員，最常見的就是從「註冊獎勵」下手。例如：在官網推出會員招募活動，提供加入會員就能得到優惠券、紅利點數等好康。同時，也要向消費者介紹清楚整套會員分級制度，到哪一階段可以獲得哪些優惠，讓消費者更有誘因加入。

在官網設計上，要想辦法簡化會員註冊的流程。常見的做法是，將會員註冊資料綁定 Google、Facebook、LINE 等多數人既有的帳號，讓顧客一鍵就能完成註冊，省去需要輸入大量會員資料的時間。

如果是相對有知名度的品牌，可以試著在結帳頁面綁定會員註冊功能，讓消費者得先加入會員後才能結帳。因為品牌知名度高、商品替代性低，顧客會更願意多花時間和步驟成為會員，以達到購買商品的目的。

然而，如果是知名度相對低的新品牌，建議不要這麼做。雖然新品牌想招募會員的心更為迫切，但在顧客對品牌還不夠認識

和信任的情況下，就強迫顧客註冊會員，那很可能賠了夫人又折兵，就是說不僅沒獲得新會員，也同時丟掉了這筆訂單。

對新品牌來說，更好的做法是在結帳頁面開放訪客購買，同時系統會記錄顧客結帳資料。等到商品購買完成，趁顧客還記憶猶新時，在一兩週內發信或簡訊提醒顧客回頭註冊會員，同時提供會員誘因。如果訊息剛好是在顧客收到商品、並且對商品滿意度高的時間點發出訊息，那麼讓訪客註冊會員的成功率會更高！

另一個常見做法是推出「推薦計畫」，讓既有會員成為品牌推廣大使，透過邀請碼或推薦連結直接邀請親朋好友加入會員。只要成功邀請到新會員，就能獲得獎勵。利用口碑行銷的力量，更有效觸及潛在新客群。

留住舊會員：保持有價值的互動

會員池要變大，除了有源源不絕的新會員加入，也要維持舊會員的活躍，才不會讓會員池就像破了洞的水缸，不管補進多少新水也沒用。

想要留住舊會員，靠的還是會員制度的設計和經營，**讓舊會員持續與品牌有互動。**

從商品層面出發，如果該會員過去訂購的是消耗性質的商品，那在預估商品快用完時，品牌可提前傳訊息提醒會員回購，同時可搭配優惠折扣。

　　從會員制度出發，品牌可以定期舉辦品牌會員日，提供會員專屬優惠或體驗活動。

　　從會員經營出發，品牌與會員的互動不必然一定要是「交易」，品牌若能持續透過官網、社群平台、社團等私域提供會員感興趣的內容，也是一種有價值的互動。例如：保健食品品牌能邀請營養師談食安、養生等議題，雖然當下不一定能立刻促成交易，卻能累積品牌在顧客心中的信任度，提高未來的回購機率。

經營會員時必須避開的盲點

　　在擴大會員池的過程中，品牌經常遇到一些容易忽略的盲點，這些盲點可能導致會員成長速度停滯，或會員的活躍度下降。以下是五個常見的盲點及對應的解決方案，幫助品牌提升會員經營效果。

盲點① 註冊流程複雜，導致會員流失

許多品牌為了獲取更多會員資料，會設置繁瑣的註冊流程，要求填寫過多個人資訊。這樣做雖然能獲取大量資料，卻可能導致潛在會員因過程繁瑣而放棄註冊，造成會員流失。

為了簡化註冊流程，品牌可以考慮提供「一鍵註冊」功能，允許用戶使用第三方平台如 Google、Facebook、LINE 等帳號直接註冊。此外，**註冊表單應只要求必要的基本資訊，其他資料可以在會員後續使用中逐步蒐集，避免一次性填寫過多資訊**，增加流失風險。

盲點② 註冊誘因不足，難以吸引新會員

有些品牌對於會員的註冊誘因考慮不夠周全，可能僅提供單一次的小額折扣。這種情況下，消費者缺乏足夠的動力去註冊，導致會員池成長速度緩慢。

解決方法是提供有吸引力的註冊獎勵，如首次購物免運費、免費試用、額外折扣等。此外，品牌應強調註冊會員能享有的長期價值，例如：會員專屬優惠、折扣活動、提前購買權等。這不僅能吸引更多人加入會員，還能讓消費者覺得成為會員有獨特感，能持續享有好處。

盲點③　會員分級制度設計不當

一些品牌雖然設計了會員分級制度，但沒有足夠的差異化，導致會員無法看到升級會員的明顯好處，從而降低了活躍度和忠誠度。如果不同級別之間的福利差距不大，會員可能會缺乏動力進行更多消費或互動。

設計明確且具有吸引力的會員分級制度，讓會員清楚知道升級後能獲得哪些專屬優惠和權益。高級會員應享有額外福利，如VIP客服、專屬折扣、特殊活動邀請等，這樣會員就有具體的升級目標和動力。此外，品牌可以透過階段性任務或活動促進會員互動，讓會員感受到參與的樂趣與成就感。

盲點④　忽視數據分析，無法精準鎖定會員需求

許多品牌忽視了對會員數據的深入分析，導致行銷活動缺乏精準度，無法根據會員需求提供個性化服務，導致無法有效提升會員的回購率與忠誠度。

品牌應建立完善的數據分析機制，定期分析會員的購物行為和偏好，根據這些數據進行個性化行銷。包括向會員推薦他們可能感興趣的產品，或者根據他們的購物歷史推送專屬優惠。此外，品牌還可以利用數據來預測哪些會員可能會流失，及時進行

挽回行動，如發送專屬的優惠資訊，提醒回購。

盲點⑤　與會員的互動僅限於交易

有些品牌只在銷售時與會員互動，缺乏持續的非交易型互動，這可能導致會員對品牌的依賴感和忠誠度降低。當會員不再活躍時，品牌便難以引導他們重新參與。

品牌應建立持續的會員關懷機制，定期提供非交易型的內容與互動。例如：透過電子報、社群平台分享與產品相關的知識、生活小撇步，或者舉辦線上、線下活動，保持與會員的連結與互動。這樣的非交易互動不僅能加深品牌與會員之間的情感聯繫，也能在沒有交易的情況下保持會員對品牌的關注。

19 如何養成品牌忠誠會員？

Key to profit 提出會員福利、忠誠計畫，都是建立品牌忠誠度的好方法。

在競爭激烈的電商市場中，「鐵粉」已成為品牌制勝的關鍵武器。擁有一群忠實顧客不僅是穩定營收的來源，更是推動品牌持續成長的無形資產。究竟，這些「超級用戶」如何為企業創造價值？

首先，這些忠誠會員會願意定期回購商品，甚至因為對產品信任度高，而更願意購買價位更高、品質更好的高單價商品，能替品牌帶來穩定營收。其次，品牌只需要透過電子報、社團經營等相對低成本的顧客經營方式，就能有效觸及這群顧客，遠低於獲得新客需要投入的廣告成本。此外，忠誠會員也能是品牌的最佳口碑推廣大使，樂於在社群媒體上分享他們的商品使用心得，對吸引新客相當有幫助。更重要的是，長期與忠誠會員互動，也

能讓品牌更能掌握顧客喜好，有助於開發新品，帶來營運的正向循環。

把普通顧客變成鐵粉

首先，要了解主要客戶對產品或品牌最重視的是什麼，接著，把這些客戶最重視的核心價值融入在產品和行銷流程裡，不斷強化。例如：一間保養品牌透過顧客訪談發現，主要客戶最在意「純淨」這個關鍵字，因此，該品牌將這元素用在原料採購到包裝設計的每個環節，將這核心價值不斷放大，也成功鞏固充實客戶。

另外，在產品策略上也要針對鐵粉推出更高階、更專業的產品，鼓勵客戶嘗試高價值商品。因為即使鐵粉願意花費更高的客單價在品牌上，但這並不代表鐵粉使用品牌商品的頻率會增加。有些鐵粉因為對品牌有信任感，願意花 3 倍價格買更好的東西，但這並不代表他們需要或願意把使用保養品的頻率增加到原本的 3 倍。

因此，品牌如果想好好經營這群鐵粉，建議應針對鐵粉推出更高階、更專業的商品，讓鐵粉有明確的產品升級路徑，去嘗試高單價商品，對品牌來說，也能利用高階產品提升整體品牌形

象、堆疊品牌價值。

針對不同等級會員創造誘因

設計完整的會員制度，也是養成忠誠會員的重要手段。第一步，要先設立「會員資格」和「等級」。

金字塔模型是會員分級最常見的，在最底部的是一般會員、占比最高，而越往金字塔頂端則是越高級的會員，占比更少、福利更多。

要怎麼決定會員等級？通常，品牌會透過消費次數或消費金額來決定，**建議可用 N 乘以平均客單價來設定不同會員等級的門檻。**

舉例來說，品牌平均客單價為 1,000 元，假如要將會員分成 3 級（鑽石會員、白金會員、黃金會員），可以用「10、3、1」的級距區分，也就是：鑽石會員的消費門檻為 1,000 元×10=10,000 元；白金會員的消費門檻為 1,000 元×3=3,000 元；黃金會員的消費門檻為 1,000 元×1=1,000 元。

第二步，替不同等級的會員設定專屬福利，讓顧客和品牌的綁定越來越深。

品牌能提供給會員的福利，除了最基本的商品折扣、點數回饋、購物金等，常見的福利還包含：生日或節慶優惠、限量版會員專屬商品，或是其他會員專屬體驗，如只有會員才能參加的新品體驗會。

要注意的是，針對最 VIP 的會員，不只要提供優惠，更要提供尊榮感。就像百貨公司會提供 VIP 專屬的貴賓室，又或是奢侈品牌會提供 VIP 專屬購物服務、限購商品、精緻包裝、客製卡片等獨特服務。

如果品牌能融合自家的品牌特色，提供會員特色服務，又更能獲得會員認同感。以職棒球團味全龍為例，其提供給最高等級會員的福利，除了基本的贈品、球賽入場禮和生日禮，還提供可優先購票、享座位保留服務、主場例行賽可提早入場、感謝牆留名等，只有球迷才能理解的真正尊榮體驗。

找出超級鐵粉潛力股

可觀察這兩項指標：**平均客單價**、**社群參與度**。

計算出品牌平均客單價後，品牌可從後台篩選出消費微少於平均客單價的客戶。如果品牌的平均客單價為 3,000 元，那可以

先篩選出消費金額介於 2,000 元～ 3,000 元的客戶，發送客製化訊息，提醒他們只差多少錢就能升級更高階的會員，一步步引導顧客回購並成為忠誠會員。

要找出超級鐵粉，也不一定只能看交易金額，還可以從與品牌的互動和社群活躍度觀察。例如，這類顧客通常很願意參與品牌舉辦的行銷活動、填寫問卷、在社群上推薦商品等，也具備成為超級鐵粉的潛力。針對這類與品牌有高互動、帶來推薦價值的消費者，品牌可透過會員制度設計，進一步讓這類的粉絲真正成為鐵粉。

20 讓會員感到重視的個人化行銷

Key to profit　客製化的行銷技巧,能夠提高行銷轉換率和顧客滿意度。

　　做品牌電商,許多人會著重在官網本身,但官網只是一個銷售管道,做品牌電商的本質是在經營會員。要經營好會員,一大關鍵字就是「量身打造」——透過分析會員相關數據,得知其需求、喜好和消費行為,並在對的時間向對的人發送對的訊息,讓行銷活動不再是煩人的廣告,而是有用資訊。

為什麼要做個人化行銷?

提升顧客體驗和滿意度

　　根據顧客過去的購買紀錄,推薦他們可能會喜歡的商品,替

顧客省下在網站上搜尋商品的時間。

提高行銷轉換率

掌握不同客群的偏好，提供客製化的促銷資訊，大幅提高購買轉換率。

累積客戶忠誠度

投其所好的服務，能讓顧客感受到品牌的用心，品牌認同感自然提高。

開拓新產品

掌握顧客數據，能開發出因應市場和顧客需求的新產品，開拓新營收來源。

顧客關係管理系統常見指標

經營會員的一大利器就是顧客關係管理系統。藉由系統性地蒐集和分析各項數據，顧客關係管理系統能提供品牌更豐富的洞

察,深入了解消費者行為,並且提供「精準行銷」,也就是更精準地打中目標客群的需求,給予他們需要的服務。以下是三個電商品牌應該關注的顧客關係管理系統指標。

會員基本資料與人口統計

反映會員的身分和特徵,有助於精準定位目標客群,包含:

- 註冊時間
- 登入方式
- 生日
- 性別
- 年齡

如果一名會員是透過綁定 LINE、Facebook 或其他帳號登入官網,那後續品牌就能透過這些不同的社群平台接觸點,推播個人化資訊給這名會員,強化會員對品牌的黏著度。此外,品牌也能整合會員在官網的消費數據和在社群平台上的數據,更進一步掌握會員的興趣偏好,有助於更精準描繪會員樣貌,提供相關的行銷內容給會員。

會員價值與活躍度

會員能為品牌帶來的實際價值，可用來評估「顧客生命週期價值」（Customer Lifetime Value, CLV），包含：

- 累積購買金額
- 平均購買金額
- 消費次數
- 活躍狀態（30、90、180 天未購買）

品牌可以篩選出購買頻率較高、具有高價值的 VIP 會員，這些高頻率消費者對品牌有更高的信任度和忠誠度，也因此願意花更多錢。因此，對這些高價值客，重點不是提供折扣，而是強化產品價值溝通，詳細介紹產品的獨特優勢，可以如何滿足他們的需求。

同時，由於這些高價值客戶更有可能成為品牌的核心支持者和推廣者，因此，可以藉由設計合理的推薦計畫，如「親友推薦第 2 件折扣」，鼓勵這些高價值客戶向身邊的人分享產品體驗，擴大品牌影響力。

會員行為偏好

包含會員的行為偏好,有利於設計客製化行銷策略,並預測會員的未來行為,包含以下指標:

- 購買商品種類
- 下單或付款方式
- 取消訂單
- 購物車收藏商品
- 優惠券狀態

從會員購買的商品種類和下單的管道,都能幫助品牌對會員做更細緻的分層,並依此設計差異化的行銷活動,提高行銷轉換率。

首先可以先觀察購買商品的種類分析,這項指標可以記錄每位會員的購買歷史、分析客戶偏好的產品類別和價格區間、辨識顧客的購買模式和頻率。如此一來,品牌可以針對會員最常購買的產品類別,推薦相關的新品或配套商品,甚至是替會員設計一組個人化的產品組合優惠方案。另外,也可以在會員可能要補貨的時間點前,發送購買提醒。

觀察顧客的購物車裡包含哪些商品也是重點指標之一。例

如：購物車有商品但尚未結單，表示他對這這些商品感興趣，但可能這件商品的價格、規格或品質尚不足以讓他下定決心購買。因此，品牌可以在後續推出其他類似商品時通知這批客群，也可以在商品降價或快缺貨時，發送即時通知提醒顧客。或者，可以針對購物車中的商品發送客製化訊息，提供更多產品介紹或使用建議，幫助顧客做出購買決定。

觀察顧客取消訂單的時間點，也能找到優化行銷策略的方向。如果在一場大型促銷活動後，觀察到多筆訂單取消，那表示儘管顧客對這商品很感興趣，但可能活動中關於商品的描述不夠完整，這時，品牌可以針對這些取消訂單的會員，提供更多關於該商品的補充資訊。

另外，**品牌也可以盤點會員帳號裡是否有即將到期的優惠券或紅利點數，並在到期前主動通知會員**，提醒他們回到官網消費，這不只展現品牌對會員權益的重視，讓會員獲得正向體驗，也有助於促進回購和加強品牌忠誠度。反過來說，品牌如果沒有主動加以提醒會員、喚醒其對品牌的記憶和激發消費欲望，就有可能因此流失掉這群會員。

從上面的幾個例子能看出，顧客關係管理系統能分析的數據和操作方式非常多，因此，也有電商開店平台就推出行銷自動化工具（如 CYBERBIZ 的「CYBERBIZ AUTOMATION」功能），

它能自動分析客戶行為，如購買歷史和購物車內容，並根據預設條件自動執行相應的行銷策略，如發送訊息或提供優惠券等，大大減輕行銷人員的工作負擔。

RFM 模型：用消費頻率和金額來分群

RFM 模型是品牌在做個人化行銷時常用到的工具，分別代表 Recency（最近一次購買時間）、Frequency（購買頻率）和 Monetary（購買金額），利用這三個指標能替顧客分群。

透過這三個指標，可簡單將客群分為以下四種：

頂級 VIP

購買頻率和購買金額極高，且最近才剛消費的客戶。

忠誠客戶

購買頻率和購買金額高於平均，消費頻率適中。

新客或潛力客戶

最近才剛消費，購買頻率雖低，但金額有持續成長的趨勢。

低價值客戶

購買時間、購買頻率和購買金額皆低。

品牌可根據前述分類，按照不同會員屬性，推出客製化的行銷活動。

針對頂級 VIP 客戶，可以提供尊榮服務和專屬新品搶先體驗會，因這類客戶對品牌信任度高、願意消費的金額也高，因此不需要一直靠優惠吸引；針對忠誠客戶，可提供舊客回購優惠、會員專屬社群活動；針對新客戶，則可提供新手上路指南和教學影片、加強首次購買後的追蹤服務和使用建議，並邀請其加入品牌社群，參與互動活動；針對低價值客戶，可以在推出季節性清倉活動時優先通知他們，或是推薦其參加入門產品的使用體驗活動。

針對購買頻率低的客戶，最好能提供立即可用的折扣碼或優惠券，像是「下單即享 8 折」限時特惠活動，或類似「未來

24 小時內下單，享特別優惠」的快閃促銷，又或是提供「免運費」、「買一送一」這類有助於降低購物門檻的活動。

針對購買頻率高的客戶，可以提供更多延遲性獎勵，例如下次購買才能折抵的優惠券，或是只要累積消費滿額，下次就能享受 VIP 優惠。同時，也可以在新品上架時優先通這類客戶，增加回購率。

會員四象限：用消費金額來分類

如果覺得 RFM 模型太複雜，也可以按照「在品牌的支出金額」和「在產業的支出金額」的高低，將會員分成四大類（見圖表 5-1）。

黃金型

在品牌和在產業的支出金額皆高。

樂透型

在產業的支出金額高，但在品牌的支出金額低。

根基型

在品牌的支出金額高,但在產業的支出金額低。

檸檬型

在品牌和在產業的支出金額皆低。

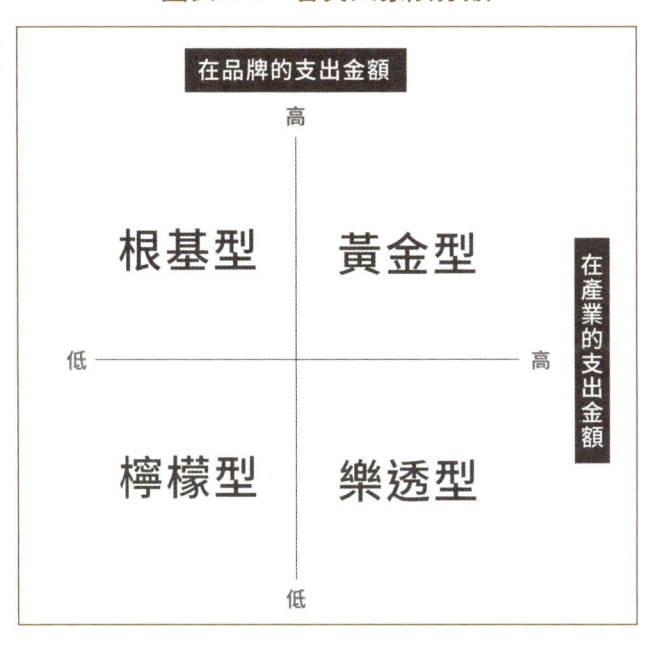

圖表 5-1　會員四象限分類

	在品牌的支出金額 高	
低	根基型	黃金型
	檸檬型	樂透型 在產業的支出金額 高
	低	

針對前述四大類，品牌應制定不同的行銷策略。

針對檸檬型會員，品牌可以不用花太多時間和行銷費用，因為他們對同產業的產品需求不多，再怎麼打廣告也很難帶來多大效益。

而黃金型會員，則是品牌推新品和限量熱賣品的行銷的主力對象。不過，如果是打到超低折扣的換季出清商品，就不適合推薦給黃金型會員，因為他們當初可能是用原價購買，如果得知商品折扣的訊息可能反而會不開心。

至於根基型會員，可以採取「全館型」的優惠活動，例如滿千送百、現抵優惠券等，想辦法提高客單價。

而對於樂透型會員，則是要想辦法讓這群人願意把預算花在你的品牌、而非其他競品上，因此除了想辦法提高這類客群的客單價，更重要的是，得設計吸引人的會員制度，透過提供長期誘因，讓這群人願意定期回到品牌消費。

21 整合 OMO，提供顧客最佳消費體驗

Key to profit 不再強調將顧客引導到特定的購買通路，而是在顧客所在的任何地方提供服務。

OMO（online merge offline）商業模式，是將線上和線下通路無縫串接，讓顧客的消費體驗無斷點。

不少人會拿 OMO 與 O2O（online to offline）比較。雖然兩者都涉及線上和線下通路的互動，但其實背後的核心理念和具體做法有顯著差異。

O2O 主要聚焦在「導流」，其目標是利用線上的行銷和廣告策略，將線上顧客引導到線下門市購買。這種方法仍然將線下門市視為核心，線上僅做為導流工具。相較之下，OMO 則以「整合」為核心，不再強調將顧客引導到特定的購買管道，而是在顧客所在的任何地方提供其需要的服務，提升整體顧客體驗。OMO 也強調後台系統的深度整合，包括商品資訊、庫存管理、

會員數據、行銷活動等，**這確保了顧客能自由在線上和線下無縫轉換，無論在哪個通路都能獲得一致和個人化的服務**。透過全方位的整合，不只能提升顧客體驗，品牌也能獲得更全面的顧客洞察，有助於制定更精準的經營策略。

只是，儘管 OMO 這名詞對許多零售業者或電商業者來說並不陌生，卻不一定能掌握其精髓。有些商家會認為，做 OMO 哪有什麼難，不就是架一個官網、開一間實體門市嗎？或者，有些實體零售商家會擔心，開了線上網店後，會不會搶走原本的線下實體生意，讓業績反而變差了？以下就來一一打破這些刻板印象。

OMO 就是架官網、開實體門市？

很多商家會以為，只要架好官網、開了實體門市，就叫做 OMO。但事實上，那只是第一步，OMO 的關鍵核心在於，線上和線下的數據整合，包含會員、消費、訂單、庫存管理等數據，需要官網系統與門市 POS 機無縫串接。

當線上和線下的數據整合後，才能掌握顧客在「全通路」的消費行為，了解消費者全貌。

同樣一名顧客，在線上和線下表現出來的購買行為和偏好可能完全不同，例如：在實體球場都是購買爆米花、應援毛巾等相對低單價的商品，很可能會被歸類在低貢獻的客群裡；但當這名顧客看完球賽、回到家後，在線上卻願意花上千元購買限量聯名商品，其實已經符合 VIP 會員的標準，後續可再提供相對應的行銷活動。如果沒有整合線上和線下數據，很可能就會錯失這位高價值客戶。

此外，當系統打通了，才能提供顧客一致的消費體驗。

一間品牌想在官網和門市一起提供「買 3 件打 8 折」的優惠，如果門市 POS 機無法支援這項折扣設定，那就很難做到線上和線下的優惠同步。或是，當品牌想定期在每個月 15 號推出會員 VIP 日，提供會員特殊折扣，那麼線上和線下系統也要能同步，才能做到會員體驗和折扣活動無斷點。

除了會員和數據，要打通 OMO 線上和線下的庫存管理，也是一大重點。例如：如果遇到某商品在特定門市特別熱賣且缺貨的情況下，就能立刻看到其他門市及官網的庫存、申請調貨，讓每個門市和倉庫能互相調動支援，把握每一次的銷售機會，創造更多業績。

因此，OMO 絕不只是表面上的架官網和開門市這麼簡單，而是需要後端的會員、消費、行銷、庫存等數據全部打通。

OMO模式雖然門檻較高，但對於品牌提升顧客體驗及經營效益有極大的幫助，落實OMO的關鍵在於技術基礎和後端數據的整合，包括會員數據、消費行為、庫存管理等。對於希望推動OMO的品牌來說，具備穩定的電商平台、POS系統及數據分析能力是必不可少的。

OMO模式特別適合那些重視顧客服務、會員經營和多通路銷售的品牌，這些品牌能藉由整合線上和線下的數據，為顧客提供無縫的購物體驗。透過會員數據分析，品牌可以針對不同客戶群體設計個性化行銷活動，提升顧客的滿意度與忠誠度。此外，品牌需具備靈活的資源調度能力，確保不同地區和通路間的庫存可以互相支援，以防止銷售機會流失。

雖然落實OMO涉及技術、資源及運營系統的整合，看似具有較高的技術門檻，但品牌可以尋求專業技術夥伴的支援。這些技術夥伴能夠提供全面的解決方案，協助品牌搭建數據平台、打通系統，讓品牌更快實現數位化轉型，最終提升顧客體驗，達成更好的營收成效。

做了OMO會搶走實體門市生意？

OMO做得好，不僅不會搶生意，還能彼此互補、相互導

流、放大生意。

線上通路更容易追蹤顧客消費行為、興趣等數據，因此可以做到精準行銷，品牌應善用線上廣告行銷的優勢，盡可能在線上提高品牌曝光度、接觸更多消費者，並進一步將這群消費者引導到門市體驗，相互接力讓消費者願意消費。

至於線下通路能讓品牌接觸到顧客本人，提供更深度的體驗，有助於建立長遠顧客關係，甚至，在線上廣告費節節攀升的情況下，透過實體門市吸引顧客的線下獲客成本，有可能比線上獲客成本低，也能做為提高品牌曝光度的方式之一。同時，門市店員也能將線上購物車視為拓展業績的工具，只要顧客是透過店員分享的商品連結下訂單或註冊成為會員，店員就能於後續獲得分潤。

透過整合線上線下的數據，也可能幫助品牌發現新的客群或使用場景。

一家甜點店原本主要依賴實體門市銷售，客群以購買喜餅的中年顧客為主。然而，在整合線上線下數據後，他們發現了一個意想不到的商機：年輕女性常常在線上搜尋適合下午茶的小分量甜點。為此，這家甜點店推出了專為三四人分享的迷你蛋糕系列，並在線上平台大力推廣，並與知名茶葉品牌合作，推出蛋糕搭配精選茶包的組合。這不只幫品牌吸引到新的年輕客群，還拉

高了平均客單價。

因此，做好 OMO，不只不會讓客人變少，反而還可能利用線上和線下的不同屬性，吸引到不同客群，也讓品牌有機會開發出符合不同場景的產品，讓自己的經營模式更多元。

經營 OMO 三大原則

提供一致性體驗

首先是「消費」體驗。無論是線下還是線下，對顧客來說，都是一樣的品牌，因此品牌提供的消費體驗應該要維持一致性。例如：如果品牌是主打「友善地球」的理念，那麼無論是線上的官網設計、產品包裝、寄送包材等，或是線下門市的陳列風格、產品體驗、門市人員介紹等，都應該要傳達出一致的品牌特色。

另一個是「會員」體驗，也就是會員在線上官網和線下門市享有的福利和優惠應該是一致且同步的。這聽起來很基本，不過實務上卻仍常聽到有消費者遇到這些狀況，例如：一名已經是品牌線下門市的忠誠熟客，到品牌線上官網消費時，卻需要重新註冊才能成為會員，且以往累積的優惠折扣都無法使用；或者，在官網獲得的折扣券，卻無法在實體門市使用，相當不便。這些狀

況都會讓顧客體驗大打折扣，也會降低顧客回購意願。

個人化行銷創造互動

整合線上和線下的數據後，就能根據其消費屬性將會員分層，提供更精準、更個人化的行銷資訊。店員可以根據對方過往購買的商品類型，推薦類似款式或是二代進化版。或者，如果這名舊客是門市 VIP，也可以分析其過往消費數據，利用線上的接觸點（如 Email、Facebook 社團、LINE 等）和顧客定期聯繫，有新品時邀請對方回到門市體驗，增加雙方互動，也提高顧客對品牌的忠誠度。

虛實整合互相導流

只要 OMO 做好，就能增加顧客的購買機會和回購頻率。一開始透過門市接觸到品牌的顧客，不一定能常常光顧門市，導致已經有一段時間沒有回購，這時，品牌就能透過線上行銷活動將顧客引導回門市或線上官網消費。

有些品牌會在線上官網販售「體驗券」，將顧客引導至實體門市參加商品體驗活動，就是一種很值得參考的虛實整合例子。例如：蛋糕品牌可以在線上販售兌換體驗券，讓顧客用相對划算

的價錢一次可以吃到多種口味；酒商業者也可以在線上販售試飲會體驗券，讓顧客有更多機會認識商品、和品牌有更多接觸，進一步增加消費機會並提高會員忠誠度。

善用 OMO 概念，讓線上顧客也能進入實體門市體驗和消費、讓線下顧客透過線上與品牌有更多接觸點，形成鞏固顧客品牌黏著度的正向循環。

一定要做 OMO 嗎？

是否一定要做 OMO，取決於品牌的經營目標與市場定位。OMO 的核心在於整合線上與線下的數據、營運和顧客服務，讓品牌能夠提供無縫且一致的體驗。對於某些品牌，特別是已經同時在實體和線上有多通路布局的品牌，OMO 幾乎成為了提升顧客滿意度、增加業績的重要策略。

然而，對於一些小型品牌或只專注於特定通路的業者，OMO 並非必須。這類品牌如果主要依賴單一通路的營收且營運規模有限，推動 OMO 可能會增加技術和資源的負擔。此外，如果品牌的主要顧客習慣單一消費模式（如實體購物或純電商），可能暫時不需要進行全面的 OMO 轉型。

即便如此，**隨著消費者行為逐漸跨越虛實邊界，OMO 已經成為提升競爭力的趨勢**。透過尋求技術夥伴的支援，品牌仍能根據自身條件逐步導入 OMO 概念，最終不僅不會損害實體門市生意，還能實現虛實整合、互相導流，為顧客帶來更多元的消費體驗並增加營收機會。

第 6 章

商機越做越多的「市場力」

22 產業瞬息萬變，如何看懂趨勢？

Key to profit　數據分析、市場調查和關注新興技術等，都是觀察產業趨勢的方法。

　　乾拌麵、涼感衣、髒髒包、韓國壓扁可頌……在這個瞬息萬變的電商市場中，爆紅商品關鍵字以極快的速度不斷更新，而商家要怎麼做才能培養看準趨勢的能力，避免自己在眾多市場中迷失方向，變成只是跟風？這個問題聽起來雖然困難，但其實可以從幾個簡單的步驟開始，逐步建立起敏銳的市場嗅覺和靈活的應對策略。

追蹤產業龍頭動態

　　龍頭企業通常擁有豐富的資源進行市場評估和預測，因此，在品牌還沒有太多資源可以運用時，可以透過觀察龍頭企業的戰

略動向，來推估未來市場趨勢。不過，觀察產業龍頭，不代表是要盲目跟隨龍頭的策略，而是要思考在龍頭看準的市場以外，自己還有哪些利基點可以進攻。

了解市場動態

想了解市場動態，需要從大趨勢出發，結合小現象的觀察。

大趨勢分析，包含政府機關發布的產業報告、產值、產業上中下游的股票變化等，透過觀察年增率（YoY）、月增率（MoM）等數字，都可以看出現在產業走勢是往下還是往上，並可進一步思考數據變化背後的深層原因，以及這對公司本身會帶來什麼影響；由大型市調分析公司所發布產業分析報告，也有一定的指標性，這些都能做為判斷未來布局的指標之一。

小現象觀察，則可以關注論壇、社群等平台的討論，包含像是 PTT、Dcard、Facebook 社團等，從中推論這類型的問題和狀況，是否會造成整體性的影響。

像是消費者常在社群和論壇中分享，目前市面上的產品有哪些不足、還有哪些痛點無法被滿足，都可以是商家開發下一代商品的參考。或者，如果某些健康食材的搜尋量在短時間內急劇上

升,那這就很可能是下個暢銷品出現的指標。另外,也有不少商家會找市面上的網路輿情監測服務,能藉由語意分析、網路爬蟲等技術,更具系統性地挖掘消費變化和市場趨勢,找出潛在市場機會。

關注新聞時事

而除了產品痛點,商家也可以觀察是否有因應新的生活方式帶來的新消費趨勢。

舉例來說,疫情過後,市場出現了幾個顯著的新**趨勢**,反映了消費者行為和需求的改變。首先,**混合工作模式與靈活生活方式成為常態**,許多企業在疫情後仍保留了部分遠端工作的彈性,這使得家用辦公設備和雲端協作工具等需求依舊強勁。同時,數位遊牧的生活方式逐漸興起,許多人選擇在不同的地點工作,進一步推動了短租市場、共用工作空間和相關服務的成長。

此外,**體驗型消費逐漸復甦**。疫情期間人們的旅行和娛樂需求受到壓抑,隨著限制解除,消費者開始投入更多在旅遊、餐飲和戶外活動上。體驗型經濟,從音樂會、健身到沉浸式活動,成為後疫情時代的一大趨勢,這表明消費者越來越注重生活品質,並尋求超越物質的體驗。

第三，**數位健康與心理健康的需求也顯著成長**。疫情讓人們更重視健康管理，數位健康應用和遠程醫療服務因此迅速發展。除了身體健康，心理健康也成為焦點，現代許多消費者開始使用心理健康 App、冥想工具等，反映了人們對於身心整體健康的需求增強。

此外，**永續與道德消費的意識日益普及**。疫情後，消費者更加關注產品的環保性和企業的社會責任，對於使用再生材料、碳中和生產技術等永續發展的產品需求不斷增加。這種趨勢延伸到多個領域，包括時尚、食品和科技，企業如果能夠在產品設計中融入永續理念，將更具競爭力。

想要掌握市場趨勢，現在也有許多關鍵字的輿情監測工具可用，但需要謹慎對待，因為需要另外投入經費，且需要搭配其他數據一起解讀，比較具備參考價值。舉例像是銷售數據就是一大關鍵，能幫助判斷消費者討論是否轉化為實際購買行為，進而了解市場熱度的持續性。此外，除了觀察聲量大小，實際的社群互動數據則能提供消費者參與度的洞察，反映出討論背後的真實興趣和投入。

運用「波特五力」分析框架

五力分析指的是會影響產業競爭態勢的五種力量：**現有競爭者、市場新進者、供應商、買家、替代品**。無論是哪一種「力」產生變化，都會為產業競爭和結構帶來改變。而在觀察未來趨勢時，應該特別關注現有競爭者（尤其是龍頭企業）的動態、買方（目標客戶）的需求變化，以及上下游產業鏈的變動。

例如：當供應商成本變高，那你和競爭對手的成本也會同步變高，這可能導致競爭對手也同步將售價提高，這時你就要思考該如何因應這變化；或者，當龍頭企業變得更強，表示你可以吃到的市場又變小了。

當觀察到原有市場趨於飽和、商品已經進入削價競爭時，商家要想辦法向外拓展新市場。

一般來說，拓展新市場會從兩大面向著手。一是，將客戶需求延伸，就像是買隱形眼鏡的客群也會想買眼藥水，因此品牌可從產品組合的角度切入思考。

另一種是上下游的延伸。例如：原本專注於人類保健品的商家，發現既有客群中也有很大比例的客戶有養寵物，也因此決定將產品線從原本的人類拓展至提供寵物保健品。由於商家是基於現有顧客的需求來研發新品，可延續商家原本的保健品專業，在

生產上也能享有綜效。

利用預售和群眾募資驗證趨勢

針對看準未來趨勢推出的新產品，**商家可以透過預售或群眾募資平台發布新品，蒐集市場反應和回饋來驗證市場，再決定是否要投入開發，以及要投入多少資源**。像這樣進行小規模的市場驗證，能避免商家在初期還不確定市場多大時就投入太多資源並造成太多虧損。

除了剛起步的新品牌，現在也有許多大品牌如 LG、歐樂 B（Oral-B）、飛利浦等，都選擇將新品上架到群眾募資平台測試水溫，如果募資目標能順利達成，則表示有一定的市場需求，反之，則需要重新檢視。

或者，有不少服飾電商在跟上游廠商批貨時，不會在初期就進太多庫存，而是先透過廠商提供的照片和行銷素材，提供給顧客預購，等到預購累積到一定的量後，再跟廠商下訂單，像這樣先開放商品預購，也是一種測試市場，並降低風險和成本的方式。

最後要提醒的是，雖然有許多方法可以幫我們分析趨勢、尋找下個市場機會，但市場上有這麼一句話：「**市場唯一不變的，**

就是它不停地在改變。」今天分析出來的結論，很可能明天就過時，也因此，我們要追求的不是百分之百的預測準確率，而是應該要時時保持開放和勇於試錯的精神，根據市場的變化和回饋靈活調整策略。如此，即便不用成為預言家，也能確保自己總是能在新商機浮現時即時把握住！

23 從台灣賣到海外，布局跨境電商藍圖

Key to profit 目標不是主導整個海外市場，而是在特定細分市場中找到自己的利基點。

電商正在進入「無疆界」時代，隨著金流、物流、開店平台等全球跨境電商相關基礎建設逐漸完備，商家做跨境生意的門檻已大幅降低，跨國消費的界線也已經被打破。在台灣做全球生意，對商家來說也不再是一件遙不可及的事。不過，想布局跨境電商，有哪些眉眉角角要注意？

市場規模重新定義成功

想在海外市場取得成功，台灣品牌需要徹底改變思維方式。為什麼？因為海外市場和台灣市場有本質的不同，其中最關鍵的就是市場規模的差異。

台灣市場規模有限,品牌往往專注於提高單一顧客的購買頻率和終身價值,想辦法讓同一個顧客多買幾次。但海外市場的顧客規模龐大,即使只吸引到一小部分新顧客,其規模也可能超過整個台灣市場。以美國為例,其市場規模遠大於台灣 30 倍以上,這意思是,拿下美國市占 1% 的量體,等同於在台灣拿下市占 30%。

這種規模效應徹底改變了遊戲規則。因此,跨境策略要更重視利基市場,畢竟做為後進入者,台灣品牌難以在知名度上與本土品牌競爭,是否找到自己的利基市場,就成為能否成功做到跨境生意的關鍵。要記得,**我們的目標不是主導整個市場,而是在特定細分市場中找到自己的利基點。**

台灣有哪些跨境利基商品?

特色台灣產品

台灣有許多具有獨特風味和特色的產品,如茶葉、茶具、手工藝品等。這些產品在國際市場上有一定的吸引力,可以吸引外國消費者的興趣。

科技和電子產品

台灣在科技和電子產品方面有著良好的製造和研發實力,如智慧型手機配件、智慧家居設備、電子配件等。這些產品在國際市場上有著廣泛的需求。

金屬五金汽車零配件

台灣機械製造能力在全球名列前茅,品質相對有口碑。

保健品

台灣保健品市場發展迅速,許多台灣品牌在國際市場上也有著一定的知名度。這些產品通常易於運輸和推廣,且受到消費者的歡迎。

不過,每個國家都有其獨特的產品喜好,這裡指的不只是產品本身,還涉及包裝設計和行銷文案。因此,想要在跨境電商中取得成功,品牌一定要有做好在地化的打算。

因此,商家需要先深入了解目標市場的特性,並回頭檢視自己的商品是否符合當地的消費偏好和市場特性;如果差異太大的

話，那品牌在進入當地市場的難度就會相對更高。以下以台灣品牌商家出海幾個首選的海外市場做為範例。

　　以北美市場為例，當地的飲食文化就和台灣有著明顯差異，傳統的台灣口味食品可能難以直接符合當地消費者的喜好，但這並不代表台灣食品品牌打不進當地市場，而是品牌在初期可選擇較符合當地市場需求的商品測試市場，並逐步調整產品配方和口味，直到符合當地消費者的口味偏好。不過相對來說，北美的DIY風氣盛行，這也讓台灣不少汽車配件、居家修繕零件等品牌，以滿足北美消費者動手裝修和維修的需求，在當地市場取得不錯的銷售成績。

　　而東南亞和日本，也是另外兩個台灣品牌很常見的出海選項。由於都是亞洲市場，在商品品項上不會如北美般有這麼大的落差，不過台灣品牌仍需要找到自己的差異化定位，以跟當地販售相同品項的品牌競爭。以日本市場來說，主打「台灣特色」的商品很受歡迎，如台灣伴手禮。而對東南亞市場來說，「Made in Taiwan」的台灣製造商品，也代表這產品擁有相對高的品質和售後服務，對東南亞消費者來說能獲得一定的好感度。

跨境電商的四大挑戰

產品認證

不同市場對進口商品會有不同的認證、產品檢驗等要求，特別是針對電子產品、化妝品等。想取得當地規範的產品認證，商家得先研究目標市場的法規資訊、了解有哪些規範和標準後，接著得請當地認證機構協助檢測，過程中，還需要提供一大堆文件等，需要投入許多資源、費用和時間成本。

金流、物流

在金流部分，商家官網需要與當地主流的線上支付服務串接，才能降低顧客的消費門檻，也避免陌生金流系統帶來的不信任感。不過，支付服務這麼多種，包含銀行、第三方支付、電子錢包等，如果是商家自己去跟這些支付系統對接，會相當耗時，技術門檻也相對高，如果能找已經串接好海外金流服務的開店平台，會更省時省力。

物流也是跨境電商的一大挑戰。不同的產品特性會選擇不同的運輸方式，例如空運或海運，而選擇不同的運輸方式，又會影響到商家的物流成本和到貨時間，並決定消費者最終的購物體

驗。商家考量到自家商品的毛利結構、體積重量、物流成本、交期時間等要素，在這之間取捨決定出最適合的物流方案。

如果商品毛利較高，商家可以選擇用空運送到消費者手上；如果想縮短物流時間、又無法負擔太高的空運成本，那商家可與當地的倉儲物流業者合作，只要官網收到訂單，當地倉儲就會自動出貨，不過這也同樣考驗著商家是否能與當地業者的系統做好串接。

稅務和法規要求

每個市場對電商營運和交易都有相關的稅務和法規要求，如營業稅和消費稅等。像美國各州都有當地規範的消費稅，有些甚至需要到當地成立公司才能符合法規，如果處理不當，還有可能會觸法，這對中小型商家來說門檻極高。幸好，現在已有不少開店平台提供相關服務，可以一站式替商家處理稅務問題。

官網和行銷在地化

當把前述前置準備都做好，最後一個環節就是在官網上架商品，吸引當地消費者來購買，而這其中的關鍵就是官網、設計和廣告行銷內容是否夠在地化。

有些商家會小看「在地化」的挑戰，認為只要把官網語言和商品金額切換到當地語系和幣值即可，不過在地化要做得好，其實要注意很多細節。因為每個市場流行的設計風格都不同，這會影響到商家應該如何設計自己的官網、商品包裝和行銷素材等。

再來，每個市場流行的社群平台、網紅和廣告投放策略等，都會因應當地而有所差異，這都需要商家對當地消費市場和行銷趨勢有所掌握。

做跨境電商的事前準備

首先，海外市場雖然商機龐大，但對本土商家來說是相對陌生的市場，也表示挑戰會更多、門檻也更高。因此，建議商家最好能先在台灣本土市場取得一定規模和經驗，累積足夠資金和資源後再考慮出海，成功機率會更高。當然，如果商家本身就是以外銷起家，那就另當別論了，但如果不是，則建議先在本土市場練兵、站穩腳步。

而在市場選擇上，商家也要針對目標市場仔細研究，評估自家的商品屬性是否符合當地消費偏好，以及該市場是否有足夠規模和市場空缺可以開拓。

至於要準備多少預算，則取決於商家想瞄準的市場規模有多大。以進軍北美市場為例，由於其市場規模遠大於台灣 30 倍以上，因此，需要投入的跨境電商營運預算，至少會是營運台灣市場所需的 5～10 倍。

不過具體該如何規劃預算？建議商家應先評估在當地市場的預估銷量、庫存成本、行銷廣告預算、人力等各項支出，先抓出每個月預估的營運成本，再將這個數字乘以至少半年的時間，做為開拓新市場的預備資金。雖然半年的預備資金對商家來說是筆不小的開銷，但在耕耘一個新市場時，不可避免地需要時間累積品牌知名度、開拓客群，如果因為資金準備不足而半途而廢，初期投資很可能都打水漂。

曼巴科技自 2014 年創立以來，專注於提供汽車渦輪增壓零配件，並藉由跨境電商快速拓展全球市場。由於資源有限，該公司早期選擇經營跨境電商，以 eBay 做為首選平台，從澳洲市場起步，逐步擴展至歐美、日本、東南亞等區域，並建立了多國通路布局。透過贊助日本與馬來西亞等國際飄移賽事，並積極參加美國拉斯維加斯汽車零配件展（SEMASHOW）、日本東京改裝車展（AUTOSALON）等國際汽車改裝大展，提升曼巴科技於國際市場的能見度，同時近距離了解改裝愛好者的想法，進行線上線下的虛實整合。

然而，曼巴科技發現依賴第三方平台存在諸多限制，如難以塑造品牌形象，無法充分掌握消費者資料。為了提高經營靈活性，他們選擇使用 CYBERBIZ 平台來自建品牌官網。

CYBERBIZ 的優勢包括提供完整的跨境金流和稅務服務，且工程團隊坐落台灣，使得溝通更為即時與便利。此外，CYBERBIZ 系統內建多種行銷工具，幫助提高轉換率，如經銷商分類下單功能與網紅分潤機制，均大幅提升了曼巴科技的銷售效率。

自從採用 CYBERBIZ 後，曼巴科技的官網在短短 3 個月內營收突破百萬，超越以往的表現。展望未來，曼巴科技計畫深耕跨境電商市場，並推動 OMO 虛實整合策略，預計在澳洲設立自有倉儲，進一步提升當地消費者的購物體驗。透過 CYBERBIZ 提供的在地化物流與金流服務，曼巴科技以最低的成本持續擴展海外市場。

結語
時刻保持靈活，讓每次挑戰化為轉機

　　我們將過去協助35,000家不同產業、不同規模的零售客戶數位轉型的經驗，濃縮成《打造快速獲利的電商生意腦》一書，希望能透過建立正確觀念，以及產業實戰的經歷，讓正在電商業界打拚的各位讀者們，能夠有系統地去釐清自己目前面臨的難關，以及該如何調整或修正策略，才能讓自己的網路生意具有競爭力又能獲利。

　　數位時代的崛起改變了傳統的商業模式，無論是新創品牌還是傳統企業，都必須快速適應市場變化。為此，這本書從系統建置到市場行銷、從會員經營到數據分析，都提供了多面向的策略指引，希望能幫助電商經營者首先建立穩固的業務基礎。

　　成功的電商經營還需要清晰的市場定位和成本控制。透過精準的產品定位，品牌能夠有效吸引到目標客群，進而在市場中站穩腳跟。同時，商家應時刻注意成本結構，特別是在廣告行銷和庫存管理上，這不僅能提高運營效率，還能保證穩定的現金流，進而推動品牌的成長。

如何經營品牌社群、提高會員忠誠度，已然成為現代電商成功的關鍵因素，我們認為，深耕會員經營，不僅能提高顧客的終生價值，還能帶來穩定的收入來源。在流量和轉換率管理方面，數據分析則是不可或缺的工具，唯有實際操作過像 Google 分析等數位工具，商家才能真正了解消費者行為，並根據實際數據優化網站和行銷策略。

展望未來，電商這一產業仍將持續發展，新的技術和新的需求會不斷推動產業前進。**身為商家必須時刻保持靈活，關注市場趨勢和競爭對手的動態，才能在變幻莫測的市場立於不敗之地。**雖然市場競爭激烈，但相信透過持續創新、提升消費體驗、預先布局市場，任何品牌都有機會在全球市場發揮屬於自己的影響力，讓營業額不斷成長，將未來的每一次挑戰轉化成機會！

線上讀者回函

采實文化　翻轉學

只要有網路，人人都能開網店，但真正賺錢的卻少之又少，其實，做電商要獲利，必須先換腦袋！實戰技能 × 策略思維，教你從新手迅速變高手的電商經營全攻略。

https://bit.ly/37oKZEa

立即掃描 QR Code 或輸入上方網址，
連結采實文化線上讀者回函，
歡迎跟我們分享本書的任何心得與建議。
未來會不定期寄送書訊、活動消息，
並有機會免費參加抽獎活動。采實文化感謝您的支持 ☺

翻轉學 翻轉學系列 136

打造快速獲利的電商生意腦

6 大面向╳23 種經營思維，讓 35,000 家公司接軌成長引擎的實戰攻略

作　　　　者	CYBERBIZ 電商研究所
封　面　設　計	FE 設計工作室
內　文　排　版	黃雅芬
主　　　　編	陳如翎
行　銷　企　劃	林思廷
出版二部總編輯	林俊安

出　　版　　者	采實文化事業股份有限公司
業　務　發　行	張世明・林踏欣・林坤蓉・王貞玉
國　際　版　權	劉靜茹
印　務　採　購	曾玉霞・莊玉鳳
會　計　行　政	李韶婉・許俽瑪・張婕莛
法　律　顧　問	第一國際法律事務所　余淑杏律師
電　子　信　箱	acme@acmebook.com.tw
采　實　官　網	www.acmebook.com.tw
采　實　臉　書	www.facebook.com/acmebook01

I　S　B　N	978-626-349-833-4
定　　　　價	380 元
初　版　一　刷	2024 年 11 月
劃　撥　帳　號	50148859
劃　撥　戶　名	采實文化事業股份有限公司
	104 台北市中山區南京東路二段 95 號 9 樓
	電話：(02)2511-9798　傳真：(02)2571-3298

國家圖書館出版品預行編目資料

打造快速獲利的電商生意腦：6 大面向╳23 種經營思維，讓 35,000 家公司接軌成長引擎的實戰攻略 / CYBERBIZ 電商研究所著 . -- 初版 . -- 台北市：采實文化事業股份有限公司 , 2024.11
224 面；17×21.5 公分 . --（翻轉學系列；136）
ISBN 978-626-349-833-4（平裝）
1.CST: 電子商務 2.CST: 網路行銷 3.CST: 商業管理
490.29　　　　　　　　　　　　　　　113015009

采實出版集團
ACME PUBLISHING GROUP

版權所有，未經同意不得
重製、轉載、翻印